大学入試

▼

10日
あればいい！

大学入学
共通テスト

短期集中ゼミ

数学I・A

●本書の構成と使い方

▶本書は，基本的な考え方をマスターし，大学入学共通テストに挑む学力を総合的に身につけることをねらいとした問題集です。

▶いきなり8割，9割の高得点を目指して難解な問題から取り組んでいても，基礎固めがおろそかになり，平均点にも届かないということが少なくありません。この問題集では，例題の最後に示した**"解法のアシスト"**でしっかりと基礎を確認した上で，2nd Step・Final Step の実戦的な演習を行うと，効率的に対策できます。

■■ *1st Step* アシスト （70セット）	大学入試に挑む上で欠かせない基本的なポイントを，効率的に確認できます。**例題→練習問題**のセットで，必須知識を確実に自分のものとしてください。
■■ *2nd Step* アシスト （24題）	共通テストで求められる **思考力・判断力・表現力** を身につけるのに最適な，1ページ完結の問題を中心としたステップです。1st Stepで確認した知識を，実戦で使える力にしていきます。会話文や日常・社会の事象を扱う出題など，これまでになかった形式にも無理なく対応できます。
■■ *Final Step* アシスト （14題）	共通テストへの対応力を十分養った上で取り組むと効果的な，実際に出題される難易度・文章量の問題を掲載しています。本書での勉強の**集大成**として，実戦を意識した演習を行ってください。

時間 10分	2nd StepとFinal Stepには，大問ごとに目標となる所要時間を掲載しています。

1st Step ファーストステップ

数学 I 1 数と式

例題 1 計算の工夫

(1) $(x+2y)^2(x-2y)^2 = x^4 - \boxed{}x^2y^2 + \boxed{}y^4$ である。

(2) $(x^2+x-2)(x^2-x-2) = x^4 - \boxed{}x^2 + \boxed{}$ である。

解 (1) $(x+2y)^2(x-2y)^2$

$= \{(x+2y)(x-2y)\}^2$

$= (x^2-4y^2)^2$

$= x^4 - \boxed{8}x^2y^2 + \boxed{16}y^4$

(2) $(x^2+x-2)(x^2-x-2)$ ……①

$x^2-2 = A$ とおくと

①$= (A+x)(A-x) = A^2-x^2$

$= (x^2-2)^2 - x^2$

$= x^4 - \boxed{5}x^2 + \boxed{4}$

◐ $A^2B^2 = (AB)^2$ の性質を利用して，はじめに $(x+2y)(x-2y) = x^2-4y^2$ を計算する。

◐ 同じ形を見つけたときは置きかえを考えてみる。

解法のアシスト

複雑な式の展開では ➡ 公式の利用と置きかえがメイン

☐ **練習 1** (1) $(2a+3b)^2(2a-3b)^2 = \boxed{}a^4 - \boxed{}a^2b^2 + \boxed{}b^4$ である。

(2) $(x^2+2x-3)(x^2-2x+3) = x^4 - \boxed{}x^2 + \boxed{}x - \boxed{}$ である。

例題 2 因数分解の基本

(1) $6x^2-5x-21 = (\boxed{}x + \boxed{})(\boxed{}x - \boxed{})$ である。

(2) $ab^2-bc^2+b^2c-c^2a = (\boxed{} - \boxed{})(\boxed{} + bc + \boxed{})$ である。

解 (1) $6x^2-5x-21$

$= (\boxed{2}x + \boxed{3})(\boxed{3}x - \boxed{7})$

(2) $ab^2-bc^2+b^2c-c^2a$

$= (b^2-c^2)a + b^2c - bc^2$

$= (b+c)(b-c)a + bc(b-c)$

$= (b-c)\{a(b+c)+bc\}$

$= (\boxed{b} - \boxed{c})(\boxed{ab} + bc + \boxed{ca})$

◐ $2 \diagdown \begin{matrix} 3 \cdots & 9 \\ -7 \cdots & -14 \end{matrix}$ （タスキ掛け）

$3 \diagup \quad \overline{ -5}$

◐ 次数の低い a で整理する。

◐ 因数分解できるところをする。

◐ $(b-c)$ が共通因数となる。

解法のアシスト

因数分解の第一歩 ➡ ・2次式は，まずタスキに掛ける
・文字が2種類以上ある場合は，次数の低い文字で整理

☐ **練習 2** (1) $10x^2+9x-36 = (\boxed{}x - \boxed{})(\boxed{}x + \boxed{})$ である。

(2) $a^2b+b^2c-b^3-a^2c = (\boxed{} + \boxed{})(a-b)(\boxed{} - \boxed{})$ である。

例題 3 式の値と式変形の工夫

$a=\dfrac{2}{\sqrt{5}-\sqrt{3}}$ のとき $a=\sqrt{\boxed{}}+\sqrt{\boxed{}}$, $a^4-16a^2=\boxed{}$ である。

解　$a=\dfrac{2(\sqrt{5}+\sqrt{3})}{(\sqrt{5}-\sqrt{3})(\sqrt{5}+\sqrt{3})}=\dfrac{2(\sqrt{5}+\sqrt{3})}{5-3}$

　　　　$=\sqrt{\boxed{5}}+\sqrt{\boxed{3}}$

　$a^4-16a^2=a^2(a^2-16)$ ……①

　ここで，$a^2=(\sqrt{5}+\sqrt{3})^2=8+2\sqrt{15}$ だから

　　①$=(8+2\sqrt{15})(8+2\sqrt{15}-16)$

　　　$=(8+2\sqrt{15})(-8+2\sqrt{15})$

　　　$=-64+60=\boxed{-4}$

◐ 分母の有理化は
$(\sqrt{a}+\sqrt{b})(\sqrt{a}-\sqrt{b})=a-b$
を利用する。

◐ いきなり a の値を代入しないで，代入する式を変形すると簡単になる場合が多い。

解法のアシスト

複雑な式の値は　➡　いきなり代入しない！　代入する式の変形を試みる

☐ **練習 3** (1) $a=\dfrac{4}{3-\sqrt{5}}$ のとき $a=\boxed{}+\sqrt{\boxed{}}$, $a^4-6a^3+4a^2=\boxed{}$ である。

(2) $a=1+\sqrt{2}-\sqrt{3}$, $b=1-\sqrt{2}+\sqrt{3}$ のとき $a^2-b^2=\boxed{}(\sqrt{\boxed{}}-\sqrt{\boxed{}})$ である。

例題 4 無理数の整数部分と小数部分

$\dfrac{6}{\sqrt{3}-1}$ の分母を有理化すると $\boxed{}\sqrt{3}+\boxed{}$ となる。この整数部分を a, 小数部分を b とすると $a=\boxed{}$, $b=\boxed{}\sqrt{3}-\boxed{}$ である。

解　$\dfrac{6}{\sqrt{3}-1}=\dfrac{6(\sqrt{3}+1)}{(\sqrt{3}-1)(\sqrt{3}+1)}$

　　　　　$=\dfrac{6(\sqrt{3}+1)}{3-1}=\boxed{3}\sqrt{3}+\boxed{3}$

　$3\sqrt{3}=\sqrt{27}$ だから　$5<\sqrt{27}<6$

　各辺に 3 を加えて　$8<3\sqrt{3}+3<9$

　よって，整数部分は $a=\boxed{8}$,

　　　　小数部分は $b=3\sqrt{3}+3-8$

　　　　　　　　　　$=\boxed{3}\sqrt{3}-\boxed{5}$

◐ 分母の有理化は
$(\sqrt{a}+\sqrt{b})(\sqrt{a}-\sqrt{b})$
$=a-b$
を利用する。

解法のアシスト

$\sqrt{a}+b$ の整数部分　➡　$n<\sqrt{a}+b<n+1$：連続する自然数ではさむ

小数部分　➡　$\sqrt{a}+b-n$：もとの数から整数部分を引く

☐ **練習 4** $\dfrac{12}{\sqrt{5}+1}$ の分母を有理化すると $\boxed{}\sqrt{5}-\boxed{}$ となる。この整数部分を a, 小数部分を b とすると $a=\boxed{}$, $b=\boxed{}\sqrt{5}-\boxed{}$ である。

例題 5 　対称式の式の値

$x=\sqrt{5}+\sqrt{3}$，$y=\sqrt{5}-\sqrt{3}$ のとき，$x^2+y^2=\boxed{}$ であり，

$x^3y-x^2y^2+xy^3=\boxed{}$ である。

解 　$x+y=(\sqrt{5}+\sqrt{3})+(\sqrt{5}-\sqrt{3})=2\sqrt{5}$

$xy=(\sqrt{5}+\sqrt{3})(\sqrt{5}-\sqrt{3})=5-3=2$

であるから

$x^2+y^2=(x+y)^2-2xy$

$=(2\sqrt{5})^2-2\cdot2=\boxed{16}$

$x^3y-x^2y^2+xy^3=xy(x^2-xy+y^2)$

$=2(16-2)=\boxed{28}$

　◐ $x=\sqrt{a}+\sqrt{b}$，$y=\sqrt{a}-\sqrt{b}$
のときの式の値は
　　$x+y=○$，$xy=\square$
を求めて，基本対称式変形を利用
する。

解法のアシスト

$x=\sqrt{a}+\sqrt{b}$，$y=\sqrt{a}-\sqrt{b}$ のときの式の値は

$x+y=\boxed{}$，$xy=\boxed{}$ を求めて

$x^2+y^2=(x+y)^2-2xy$ の基本対称式変形で

☑ **練習 5** 　$x=\sqrt{3}-\sqrt{6}$，$y=\sqrt{3}+\sqrt{6}$ のとき，$x^2+y^2=\boxed{}$，$\dfrac{y}{x}+\dfrac{x}{y}=\boxed{}$ であり，

$x^4-2x^2y^2+y^4=\boxed{}$ である。

例題 6 　3文字の対称式

$a+b+c=4$，$ab+bc+ca=5$，$abc=2$ のとき，

$a^2+b^2+c^2=\boxed{}$ であり，$a^2b^2+b^2c^2+c^2a^2=\boxed{}$ である。

解 　$a^2+b^2+c^2=(a+b+c)^2-2(ab+bc+ca)$

$=4^2-2\cdot5=\boxed{6}$

$a^2b^2+b^2c^2+c^2a^2$

$=(ab+bc+ca)^2-2(ab^2c+abc^2+a^2bc)$

$=(ab+bc+ca)^2-2abc(a+b+c)$

$=5^2-2\cdot2\cdot4=\boxed{9}$

　◐ 　$(a+b+c)^2$
$=a^2+b^2+c^2+2ab+2bc+2ca$
から変形する。

解法のアシスト

$a+b+c=\boxed{}$，$ab+bc+ca=○$，$a^2+b^2+c^2=\boxed{}$ の形の式は

$(a+b+c)^2=a^2+b^2+c^2+2(ab+bc+ca)$ が基本

☑ **練習 6** 　$a+b+c=abc=6$，$a^2+b^2+c^2=14$ のとき，$ab+bc+ca=\boxed{}$ であり，

$a^2b^2+b^2c^2+c^2a^2=\boxed{}$ である。

　さらに，$(a+b+c)(a^2+b^2+c^2-ab-bc-ca)$ を展開することにより，

$a^3+b^3+c^3=\boxed{}$ が求まる。

例題 7　**2次方程式・不等式**

2次方程式 $x^2-12x+34=0$ の解は $x=\boxed{}\pm\sqrt{\boxed{}}$ であり,

2次不等式 $x^2-12x+34<0$ を満たす最大の自然数 x は $\boxed{}$ である。

解　$x^2-12x+34=0$ の解は

$$x=6\pm\sqrt{36-34}=\boxed{6}\pm\sqrt{\boxed{2}}$$

よって $x^2-12x+34<0$ の解は

$$6-\sqrt{2}<x<6+\sqrt{2}$$

◀ $\dfrac{2\,\text{の倍数}}{\downarrow}$ $ax^2+2b'x+c=0\ (a\neq0)$

$x=\dfrac{-b'\pm\sqrt{b'^2-ac}}{a}$ を使うと楽

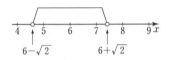

上の図より最大の自然数 x は $\boxed{7}$ である。

◀ $1<\sqrt{2}<2\ (\sqrt{2}\fallingdotseq1.4)$ だから
$4<6-\sqrt{2}<5,\ 7<6+\sqrt{2}<8$

解法のアシスト

2次不等式 $ax^2+bx+c<0$　　➡　$ax^2+bx+c=0$　　➡　$\alpha<x<\beta$
　　　　$(a>0)$　$ax^2+bx+c>0$　　　　の解 $\alpha,\ \beta\ (\alpha<\beta)$ を求めて　　$x<\alpha,\ \beta<x$

☐ **練習 7**　2次方程式 $x^2-18x+36=0$ の解は $x=\boxed{}\pm\boxed{}\sqrt{\boxed{}}$ であり,不等式

$x-1<\sqrt{2}\,(x-3)$ と $x^2-18x+36<0$ を同時に満たす整数 x は $\boxed{}$ 個ある。

例題 8　**2次方程式の解の判別**

2次方程式 $x^2-ax+3a-5=0$ は $a<\boxed{}$,$\boxed{}<a$ のとき異なる 2 つの実数

解をもち,重解は $a=\boxed{}$ のとき $x=\boxed{}$,$a=\boxed{}$ のとき $x=\boxed{}$ で

ある。

解　判別式を D とすると

$$D=(-a)^2-4(3a-5)=(a-2)(a-10)$$

異なる実数解をもつのは $D>0$ のとき

よって,$a<\boxed{2}$,$\boxed{10}<a$

重解は $D=0$ より $a=2,\ 10$

$a=\boxed{2}$ のとき,$(x-1)^2=0$ より $x=\boxed{1}$

$a=\boxed{10}$ のとき,$(x-5)^2=0$ より $x=\boxed{5}$

◀ $ax^2+bx+c=0\ (a\neq0)$
の解の判別式は $D=b^2-4ac$
$D>0$……異なる 2 つの実数解
$D=0$……重解
$D<0$……実数解をもたない

解法のアシスト

・$ax^2+bx+c=0\ (a\neq0)$ の解の判別は,$D=b^2-4ac$ で

・$ax^2+2b'x+c=0\ (a\neq0)$ では,$\dfrac{D}{4}=b'^2-ac$ を用いてもよい

☐ **練習 8**　$x^2-2(k-1)x+2(k^2-1)=0$ は $\boxed{}<k<\boxed{}$ のとき異なる 2 つの実数解をもち,重解

は $k=\boxed{}$ のとき $x=\boxed{}$,$k=\boxed{}$ のとき $x=\boxed{}$ である。

例題 9　方程式の解が与えられているとき

2次方程式 $x^2-2ax+b=0$ が $x=3$ を解にもつとき，
$b=\boxed{}a-\boxed{}$ であり，もう一方の解は $x=\boxed{}a-\boxed{}$ と表される。

解　$x^2-2ax+b=0$ に $x=3$ を代入すると

$9-6a+b=0$ より　$b=\boxed{6}a-\boxed{9}$

このとき

$x^2-2ax+6a-9=0$

$(x-3)(x-2a+3)=0$

よって，もう一方の解は　$x=\boxed{2}a-\boxed{3}$

◗ $x=3$ が解だから，もとの方程式に代入すれば等式が成り立つ。

◗ $x=3$ を解にもつ2次方程式は $k(x-3)(x-○)=0$ と因数分解できる。

解法のアシスト

$x=\alpha$ が方程式の解　➡　方程式に $x=\alpha$ を代入すれば成り立つ

☐ **練習 9**　2次方程式 $x^2-ax+b+1=0$ が $x=2$ を解にもつとき，$b=\boxed{}a-\boxed{}$ であり，このとき，もう一方の解は $x=a-\boxed{}$ と表される。この解が2より大きくなるための最小の自然数 a は $a=\boxed{}$ である。

例題 10　絶対値記号と1次不等式

不等式 $|2x-1|<3$ ……① の解は $\boxed{}<x<\boxed{}$ である。
不等式 $|x+2|>a\ (a>0)$ ……② の解は $x<-a-\boxed{}$，$a-\boxed{}<x$ であるから，①と②が共通な解をもたないのは $a\geqq\boxed{}$ のときである。

解　①の解は　$|2x-1|<3$ より　$-3<2x-1<3$

$-2<2x<4$　よって，$\boxed{-1}<x<\boxed{2}$

②の解は $|x+2|>a\ (a>0)$ より

$x+2<-a,\ a<x+2$

よって　$x<-a-\boxed{2}$，$a-\boxed{2}<x$

①と②が共通な解をもたないのは，下の数直線より，

$-a-2\leqq-1$ かつ $2\leqq a-2$ のとき

よって，$a\geqq-1$ かつ $a\geqq4$ より

$a\geqq\boxed{4}$ のとき

簡便法による絶対値のはずし方
$r>0$ の定数とすると
$|A|<r\iff-r<A<r$
$|A|>r\iff A<-r,\ r<A$
場合分けをしないではずせる。

◗ 数直線上に解を表してみる。

解法のアシスト

連立不等式の解の関係は　➡　数直線上に解の範囲を図示して考える

☐ **練習 10**　不等式 $|2x-3|>5$ ……① の解は $x<\boxed{}$，$\boxed{}<x$ であり，$|x-a|<3$ ……② の解は $a-\boxed{}<x<\boxed{}+3$ である。②の解が①の解に含まれるのは $a\leqq\boxed{}$ または $\boxed{}\leqq a$ のときである。

例題 11 **1次不等式と x の係数**

> 不等式 $a^2x>4x+3a$（a は定数）の解が $x<1$ であるとき，$a=\boxed{}$ である。

解 $(a^2-4)x>3a$ の解が $x<1$ となるのは

$\qquad a^2-4$ が負　すなわち $a^2-4<0$ のとき

だから　$-2<a<2$

このとき　$x<\dfrac{3a}{a^2-4} \iff x<1$ であるから　$\dfrac{3a}{a^2-4}=1$

よって　　$a^2-4=3a$

$\qquad (a-4)(a+1)=0$ より $a=-1,\ 4$

$-2<a<2$ だから，$a=4$ は不適。

よって　$a=\boxed{-1}$

◐ 問題の不等号 ＞ と答の不等号 ＜ の向きが違っていることに注意

◐ $\iff$ は同値記号で左右の式が同じであることを示す。

解法のアシスト

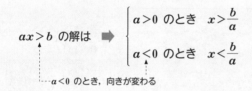

$ax>b$ の解は ➡ $\begin{cases} a>0 \text{ のとき } x>\dfrac{b}{a} \\ a<0 \text{ のとき } x<\dfrac{b}{a} \end{cases}$

$\cdots\cdots a<0$ のとき，向きが変わる

☑ **練習 11** 不等式 $2ax>a^2-3$（a は定数）の解が $x<-1$ であるとき，$a=\boxed{}$ である。

例題 12 **2次不等式の解に含まれる整数の個数**

> n を自然数とする。2次不等式 $x^2-(4n-1)x+3n^2-n<0$ を満たす整数は $\boxed{}n-\boxed{}$（個）ある。

解 $x^2-(4n-1)x+n(3n-1)<0$

$\qquad (x-n)\{x-(3n-1)\}<0$

$n<3n-1$ だから

$\qquad n<x<3n-1$

これを満たす整数の個数は

$\qquad (3n-2)-(n+1)+1=\boxed{2}\,n-\boxed{2}$（個）

◐ $\begin{array}{r} 1 \diagup -n \quad\cdots\cdots -n \\ 1 \diagdown -(3n-1) \cdots -3n+1 \\ \hline -(4n-1) \end{array}$

◐ この間の整数の個数

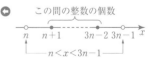

$n<x<3n-1$

解法のアシスト

不等式を満たす整数の個数 ➡ ・不等式の両端の値を数直線上に書く

・（右端の値）－（左端の値）＋1

☑ **練習 12** n を自然数とする。2次不等式 $x^2-2nx+n^2-9<0$ の解は $\boxed{}<x<\boxed{}$ であり，これを満たす整数は $\boxed{}$（個）ある。

数学Ⅰ 2 集合と論証

例題 13 集合の要素，和集合，共通部分

集合 $U=\{1,\ 2,\ 3,\ 4,\ 5,\ 6,\ 7,\ 8,\ 9\}$ の部分集合 A，B，C について，
$A=\{2,\ 3,\ 4,\ 6\}$，$B=\{1,\ 2,\ 4,\ 7,\ 8\}$，$C=\{3,\ 6\}$ とする。
このとき，$A\cup B=\{\boxed{}\}$，$\overline{A}=\{\boxed{}\}$，$\overline{A}\cup B=\{\boxed{}\}$ であり，
$\overline{A}\cap\overline{B}=\{\boxed{}\}$，$\overline{A}\cup\overline{B}=\{\boxed{}\}$ である。また，C を A，B を用いて表すと
$C=\boxed{}$ となる。

解 集合 A，B をベン図で表すと
次のようになる。
ベン図より，

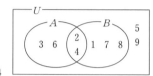

$A\cup B=\{\boxed{1,\ 2,\ 3,\ 4,\ 6,\ 7,\ 8}\}$
$\overline{A}=\{\boxed{1,\ 5,\ 7,\ 8,\ 9}\}$
$\overline{A}\cup B=\{\boxed{1,\ 2,\ 4,\ 5,\ 7,\ 8,\ 9}\}$
$\overline{A}\cap\overline{B}=\overline{A\cup B}$ だから
　$\overline{A}\cap\overline{B}=\{\boxed{5,\ 9}\}$
同様に，$\overline{A}\cup\overline{B}=\overline{A\cap B}$ だから
　$\overline{A}\cup\overline{B}=\{\boxed{1,\ 3,\ 5,\ 6,\ 7,\ 8,\ 9}\}$
$C=\{3,\ 6\}$ を表すのは右の図の灰色部分だから，
　$C=A\cap\overline{B}$

◗ $A\cap B=\{2,\ 4\}$ の要素から書きはじめ，A，B の順に要素を書き込んでいくとよい。

◗ $\overline{A}\cup B$

解法のアシスト

・集合の要素　ベン図で求めよ
　　まず，$A\cap B$ の要素から書き込むとよい

・ド・モルガンの法則
　　$\overline{A\cap B}\iff\overline{A}\cup\overline{B}$

　　$\overline{A\cup B}\iff\overline{A}\cap\overline{B}$

□ **練習 13** (1) 集合 $U=\{1,\ 2,\ 3,\ 4,\ 5,\ 6,\ 7,\ 8,\ 9\}$ の部分集合 A，B について，
　$A=\{3,\ 4,\ 7,\ 9\}$，$B=\{1,\ 3,\ 6,\ 8,\ 9\}$ とする。このとき，$\overline{A}=\{\boxed{}\}$，$\overline{A}\cap B=\{\boxed{}\}$ となる。
　また，$\overline{A}\cap\overline{B}=\{\boxed{}\}$，$\overline{A}\cup\overline{B}=\{\boxed{}\}$ となる。

(2) $A=\{x\,|\,1<x<9\}$，$B=\{x\,|\,x<2,\ 6<x\}$ とする。このとき，$A\cap\overline{B}=\{\boxed{}\}$，$\overline{A}\cap B=\{\boxed{}\}$
　となる。また，次の集合を A，B を用いて表すと $\{x\,|\,1<x<2,\ 6<x<9\}=\boxed{}$，
　$\{x\,|\,x\leqq1,\ 2\leqq x\leqq6,\ 9\leqq x\}=\boxed{}$ である。

例題 **14** 集合の包含関係

集合 $A=\{x\,|\,x(x-1)<0\}$, $B=\{x\,|\,(x-a)(x-a-2)>0\}$ について, $A\subset B$ となる

のは $a\leqq\boxed{}$ または $a\geqq\boxed{}$ のときであり, $A\cap B=\varnothing$ となるのは

$\boxed{}\leqq a\leqq\boxed{}$ のときである。

解 $x(x-1)<0$ より $0<x<1$

よって $A=\{x\,|\,0<x<1\}$

$(x-a)(x-a-2)>0$ より

$x<a,\ a+2<x$

よって $B=\{x\,|\,x<a$ または $a+2<x\}$

右図より $A\subset B$ となるのは

$a+2\leqq0$ または $a\geqq1$

よって, $a\leqq\boxed{-2}$ または $a\geqq\boxed{1}$

◀ $\alpha<\beta$ のとき
$(x-\alpha)(x-\beta)<0$
の解は $\alpha<x<\beta$
$(x-\alpha)(x-\beta)>0$
の解は $x<\alpha,\ \beta<x$

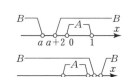

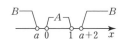

右図より $A\cap B=\varnothing$ となるのは

$a\leqq0$ かつ $1\leqq a+2$

よって, $\boxed{-1}\leqq a\leqq\boxed{0}$

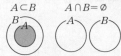

解法のアシスト

不等式で表された集合の包含関係は, 数直線が明解！

$A\subset B$ は, A にあるものはすべて B にある

$A\cap B=\varnothing$ は, A と B に共通の要素なし

$A\subset B$　　$A\cap B=\varnothing$

☐ **練習 14** (1) 集合 $A=\{x\,|\,x^2+(a-2)x+4-2a>0\}$, $B=\{x\,|\,x^2-5kx+6k^2\leqq0\}$ について,

$a=3$ のとき, $B\subset A$ となるのは $k<\boxed{}$ または $\boxed{}<k$ のときであり, $A\cap B=\varnothing$ となる

のは $\boxed{}\leqq k\leqq\boxed{}$ のときである。

また, $\boxed{}<a<\boxed{}$ のとき, A は実数全体の集合となる。

(2) 自然数の集合 U を全体集合とし, その部分集合 $P,\ Q,\ R$ を次のように定める。

$P=\{2$ の倍数$\}$, $Q=\{3$ で割ると 1 余る数$\}$, $R=\{4$ で割ると 2 余る数$\}$

このとき, $P,\ Q,\ R$ の関係について適するものを下の⓪〜⑦の中から選べ。

P と Q の関係を表す図は $\boxed{}$, P と R の関係を表す図は $\boxed{}$, $P,\ Q,\ R$ の関係を表す図は $\boxed{}$

である。

⓪

①

②

③

④

⑤

⑥

⑦

例題 15 命題

次の(1)～(3)の □ に当てはまるものを，⓪～⑦のうちから一つずつ選べ。

⓪　真　　①　偽　　②　かつ　　③　または

④　否定　　⑤　対偶　　⑥　逆　　⑦　裏

(1) 命題「$|a|=2$ ならば $a=2$ である」は □ である。

(2) 三角形の 1 つの頂角の大きさ θ について

命題「$\sin\theta=1$ ならば $\theta=90°$」の □ は「$\theta \neq 90°$ ならば $\sin\theta \neq 1$」である。

(3) 実数 a, b について，命題「$a^2+b^2=0$ ならば $a=0$ かつ $b=0$」は □ であり，

命題の □ は「$a \neq 0$ □ $b \neq 0$ ならば $a^2+b^2 \neq 0$」である。

解 (1) $|a|=2$ のとき $a=2$, -2 だから

この命題は偽である。よって　□①

(2) 「$\sin\theta=1$ ならば $\theta=90°$」の対偶は

「$\theta \neq 90°$ ならば $\sin\theta \neq 1$」である。

よって　□⑤

　◐ $p \Longrightarrow q$ の対偶は $\bar{q} \Longrightarrow \bar{p}$
　もとの命題と対偶の真偽は
　一致する。

(3) $a^2+b^2=0$ のとき $a=0$ かつ $b=0$ だから

この命題は真である。よって　□⓪

また，対偶は「$a \neq 0$ または $b \neq 0$ ならば $a^2+b^2 \neq 0$」

となる。よって　□⑤ , □③

　◐ $\overline{p \text{ かつ } q} \Longleftrightarrow \bar{p} \text{ または } \bar{q}$
　$\overline{p \text{ または } q} \Longleftrightarrow \bar{p} \text{ かつ } \bar{q}$

解法のアシスト

命題：$p \Longrightarrow q$　　逆：$q \Longrightarrow p$　　裏：$\bar{p} \Longrightarrow \bar{q}$　　対偶：$\bar{q} \Longrightarrow \bar{p}$

条件の否定 ➡ (p かつ q) の否定は ($\bar{p}$ または $\bar{q}$)
(p または q) の否定は ($\bar{p}$ かつ $\bar{q}$)

□ **練習 15** (1) x, y は実数とする。(ア)～(ウ)の □ に当てはまるものを，⓪偽，①真から一つずつ選べ。

(ア)「$x^2=y^2$ ならば $x=y$」は □ である。

(イ)「$x+y>5$ ならば $x>3$ または $y>2$」は □ である。

(ウ)「$xy=0$ ならば $x^2+y^2=0$」は □ である。

(2) 下の □ に当てはまるものを，次の⓪～⑦のうちから一つずつ選べ。

⓪　「$ab=1$ ならば $a=0$ かつ $b=0$」　　①　「$ab \neq 1$ ならば $a=0$ または $b=0$」

②　「$a \neq 0$ かつ $b \neq 0$ ならば $ab=1$」　　③　「$a=0$ かつ $b=0$ ならば $ab=1$」

④　「$a=0$ または $b=0$ ならば $ab \neq 1$」　　⑤　「$a=0$ または $b=0$ ならば $ab=1$」

⑥　偽　　　　　　　　　　　　　　　　　　　⑦　真

命題「$ab=1$ ならば $a \neq 0$ かつ $b \neq 0$」の逆は □，裏は □，対偶は □ である。また，真偽を調べると，逆は □，裏は □，対偶は □ である。

例題 16 **必要条件，十分条件**

下の □ に当てはまるものを，次の ⓪〜③ のうちから一つずつ選べ。

ただし，x, y, z は実数，m, n は整数とする。

(1) $x=1$ であることは，$x^2-4x+3=0$ であるための □。

(2) $xz=yz$ であることは，$x=y$ であるための □。

(3) $x>2$ であることは，$x^2>4$ であるための □。

(4) mn が偶数であることは，m が偶数であるための □。

(5) mn が 6 の倍数であることは，m が 3 の倍数であるための □。

　⓪　必要十分条件である　　　　　　　①　必要条件であるが，十分条件でない

　②　十分条件であるが，必要条件でない　③　必要条件でも十分条件でもない

解 (1) $x^2-4x+3=0$ より $(x-1)(x-3)=0$

$x=1$, 3 だから

$x=1 \overset{\circ}{\underset{\times}{\rightleftarrows}} x^2-4x+3=0$　　よって，②

❶「$p \Longrightarrow q$」で
真を $p \overset{\circ}{\longrightarrow} q$
偽を $p \overset{\times}{\longrightarrow} q$
と略記している。

(2) $xz=yz$ より $(x-y)z=0$

$x=y$ または $z=0$ だから

$xz=yz \overset{\times}{\underset{\circ}{\rightleftarrows}} x=y$　　よって，①

(3) $x^2>4$ より $(x+2)(x-2)>0$

$x<-2$ または $x>2$ だから

$x>2 \overset{\circ}{\underset{\times}{\rightleftarrows}} x^2>4$　　よって，②

❶

(4) mn が偶数のとき，「m または n が偶数」だから

mn が偶数 $\overset{\times}{\underset{\circ}{\rightleftarrows}} m$ が偶数　　よって，①

(5) mn が 6 の倍数 $\overset{\times}{\longrightarrow} m$ が 3 の倍数（反例　$m=2$, $n=3$）

mn が 6 の倍数 $\overset{\times}{\longleftarrow} m$ が 3 の倍数（反例　$m=3$, $n=1$）

だから　mn が 6 の倍数 $\overset{\times}{\underset{\times}{\rightleftarrows}} m$ が 3 の倍数　　よって，③

解法のアシスト

命題「$p \Longrightarrow q$」：真のとき　　（図　q の中に p）

p は，q の十分条件

q は，p の必要条件

☐ **練習 16**　下の □ に当てはまるものを，次の ⓪〜③ のうちから一つずつ選べ。

ただし，x, y, a, b は実数，m, n は整数とする。

(1) $x^2-8x+15 \geqq 0$ は，$x^2-3x+1 \leqq 0$ であるための □。

(2) 「$x>1$ かつ $y>1$」は，「$x+y>2$ かつ $xy>1$」であるための □。

(3) $|a+b|=|a-b|$ は $ab=0$ であるための □。

(4) mn が奇数であることは，「m, n がともに奇数」であるための □。

　⓪　必要十分条件である　　　　　　　①　必要条件であるが，十分条件でない

　②　十分条件であるが，必要条件でない　③　必要条件でも十分条件でもない

数学 I 3 2次関数

例題 17 放物線の頂点

放物線 $y=-2x^2+ax+b$ の頂点の座標は $(\boxed{},\ \boxed{}+b)$ である。

解

$$y=-2x^2+ax+b=-2\left(x^2-\frac{a}{2}x\right)+b$$

◐ x^2 の係数でくくる。

$$=-2\left\{\left(x-\frac{a}{4}\right)^2-\left(\frac{a}{4}\right)^2\right\}+b$$

◐ $x^2-\frac{a}{2}x=\left(x-\frac{a}{4}\right)^2-\left(\frac{a}{4}\right)^2$

$$=-2\left(x-\frac{a}{4}\right)^2+\frac{a^2}{8}+b$$

◐ $-2\left\{\left(x-\frac{a}{4}\right)^2-\frac{a^2}{16}\right\}+b$

よって，$\left(\boxed{\dfrac{a}{4}}\ ,\ \boxed{\dfrac{a^2}{8}}+b\right)$

解法のアシスト

放物線の頂点は $y=a(x-p)^2+q$ と変形 ➡ 頂点は $(p,\ q)$

☐ **練習 17** (1) 放物線 $y=\dfrac{1}{8}x^2-3x+10$ の頂点の座標は $(\boxed{},\ \boxed{})$ である。

(2) 放物線 $y=-4x^2+4(a-1)x-a^2$ の頂点の座標は $(\boxed{}a-\boxed{},\ -\boxed{}a+\boxed{})$ である。

例題 18 頂点と放物線の方程式

放物線 $y=ax^2+bx+c$ は，頂点が $(1,\ 4)$ で，点 $(3,\ -8)$ を通る。
このとき，$a=\boxed{}$，$b=\boxed{}$，$c=\boxed{}$ である。

解

$y=ax^2+bx+c$ は $y=a(x-1)^2+4$

とおける。点 $(3,\ -8)$ を通るから

$-8=a(3-1)^2+4$

$-12=4a$ より $a=-3$

よって，$y=-3(x-1)^2+4=-3x^2+6x+1$

ゆえに，$a=\boxed{-3}$，$b=\boxed{6}$，$c=\boxed{1}$

◐ 頂点が $(1,\ 4)$ だから
代入
$y=a(x-p)^2+q$

解法のアシスト

放物線の頂点が $(p,\ q)$ のとき ➡ $y=a(x-p)^2+q$ とおく

☐ **練習 18** (1) 放物線 $y=ax^2+bx+c$ は頂点が $(-1,\ -6)$ で，点 $(1,\ 2)$ を通る。
このとき，$a=\boxed{}$，$b=\boxed{}$，$c=\boxed{}$ である。

(2) 放物線 $y=2x^2+ax+b$ は頂点が $(3,\ c)$ で，点 $(-1,\ 4)$ を通る。
このとき，$a=\boxed{}$，$b=\boxed{}$，$c=\boxed{}$ である。

例題 **19** 平行移動

放物線 $y=2x^2-4x-7$ の頂点の座標は ($\boxed{}$，$\boxed{}$) で，この放物線を x 軸方向に -3，y 軸方向に 5 だけ平行移動した放物線は $y=2x^2+\boxed{}x+\boxed{}$ である。

解　$y=2x^2-4x-7=2(x-1)^2-9$

よって，頂点の座標は ($\boxed{1}$，$\boxed{-9}$)

x 軸方向に -3，y 軸方向に 5 だけ平行移動すると

頂点は $(-2, -4)$ に移る。

よって，$y=2(x+2)^2-4=2x^2+\boxed{8}x+\boxed{4}$

$$
\begin{array}{c}
\overset{-3}{} \\
(1,\ -9) \longrightarrow (-2,\ -4) \\
\underset{+5}{}
\end{array}
$$

別解　平行移動は x に $x+3$，y に $y-5$ を代入して

$y-5=2(x+3)^2-4(x+3)-7$ より $y=2x^2+\boxed{8}x+\boxed{4}$

解法のアシスト

$y=f(x)$ の $\boxed{x\text{軸方向に }a}$，$\boxed{y\text{軸方向に }b}$ の平行移動は次のどちらかで

・頂点の動き ➡ $(p,\ q) \to (p+a,\ q+b)$

・$y=f(x)$ に ➡ $x \to x-a$，$y \to y-b$ を代入

☐ **練習 19**　放物線 $y=2x^2-3x+2$ の頂点の座標は ($\boxed{}$，$\boxed{}$) で，この放物線を x 軸方向に 1，y 軸方向に -4 だけ平行移動した放物線は $y=2x^2-\boxed{}x+\boxed{}$ である。

例題 **20** 対称移動

放物線 $y=2x^2-12x+20$ を y 軸に関して対称に移動した放物線は

$y=2x^2+\boxed{}x+\boxed{}$ であり，続けて x 軸に関して対称に移動した放物線は

$y=\boxed{}x^2-\boxed{}x-\boxed{}$ である。

解　$y=2x^2-12x+20=2(x-3)^2+2$

より，頂点の座標は $(3, 2)$ である。

y 軸に関して対称に移動すると頂点は $(-3, 2)$ になる。

よって，$y=2(x+3)^2+2=2x^2+\boxed{12}x+\boxed{20}$

続けて頂点 $(-3, 2)$ を x 軸に関して対称に移動すると

$(-3, -2)$ となる。

よって，$y=-2(x+3)^2-2=\boxed{-2}x^2-\boxed{12}x-\boxed{20}$

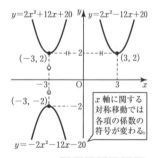

x 軸に関する対称移動では各項の係数の符号が変わる。

解法のアシスト

放物線 $y=ax^2+bx+c$ の対称移動は　頂点の動きに注目 ➡

x 軸に関して対称：$(p,\ q) \to (p,\ -q)$

y 軸に関して対称：$(p,\ q) \to (-p,\ q)$

原点に関して対称：$(p,\ q) \to (-p,\ -q)$

☐ **練習 20**　2次関数 $y=ax^2+bx+c$ のグラフを x 軸に関して対称移動し，さらにそれを x 軸方向に -1，y 軸方向に 3 だけ平行移動したところ $y=2x^2$ のグラフが得られた。このとき，$a=\boxed{}$，$b=\boxed{}$，$c=\boxed{}$ である。

例題 **21** 放物線と x 軸との位置関係

a を定数とし，放物線 $y=x^2-(4a-2)x+a^2+5$ を C，その頂点を P とすると，P の座標は ($\boxed{}\,a-\boxed{}$，$\boxed{}\,a^2+\boxed{}\,a+\boxed{}$) である。$C$ が x 軸と異なる 2 点で交わるのは $a<\boxed{}$，$\boxed{}<a$ のときである。

解

$$y=x^2-(4a-2)x+a^2+5$$
$$=\{x-(2a-1)\}^2-(2a-1)^2+a^2+5$$
$$=(x-2a+1)^2-3a^2+4a+4$$

よって，P($\boxed{2}\,a-\boxed{1}$，$\boxed{-3}\,a^2+\boxed{4}\,a+\boxed{4}$)

C が x 軸と異なる 2 点で交わるためには
P の y 座標が負になればよいから

$$-3a^2+4a+4<0$$
$$3a^2-4a-4>0$$
$$(3a+2)(a-2)>0$$

よって，$a<\boxed{-\dfrac{2}{3}}$，$\boxed{2}<a$

別解　$y=0$ として判別式 $D>0$ より

$$\frac{D}{4}=(2a-1)^2-(a^2+5)$$
$$=3a^2-4a-4>0$$

これより求めてもよい。

● 頂点の座標がわかっていれば，y 座標と x 軸の位置関係で考えるとよい。

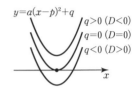

$$y=a(x-p)^2+q$$
$$q>0\ (D<0)$$
$$q=0\ (D=0)$$
$$q<0\ (D>0)$$

● 頂点の y 座標を求めない場合は判別式 D をとって
　$D>0$，$D=0$，$D<0$
で位置関係を求める。

解法のアシスト

放物線 $y=ax^2+bx+c$ と x 軸との位置関係は

・$y=a(x-p)^2+q$ と変形して，頂点の y 座標 q の符号を調べる

・判別式 $D=b^2-4ac$ の利用も有効

□ **練習 21**　a を定数とし，放物線 $y=-x^2+(2a-5)x-2a^2+5a+3$ を C とする。

(1) C の頂点の座標は $\left(\dfrac{2a-\boxed{}}{\boxed{}}\,,\ \dfrac{-4a^2+\boxed{}}{4}\right)$ である。

(2) C と x 軸が異なる 2 点で交わるとき，a の値の範囲は

$$-\frac{\sqrt{\boxed{}}}{\boxed{}}<a<\frac{\sqrt{\boxed{}}}{\boxed{}}\quad\cdots\cdots①$$

である。このとき，交点の x 座標は $x=\dfrac{2a-5\pm\sqrt{\boxed{}\,a^2+\boxed{}}}{2}$ である。

(3) a を①を満たす整数とする。C と x 軸との 2 つの交点の x 座標がともに整数となるのは，$a=\boxed{}$ または $a=\boxed{}$ のときであり，この a が小さい方の値をとるとき，交点の x 座標は $\boxed{}$ と $\boxed{}$ である。

例題 22 最大・最小

(1) 2次関数 $y=\dfrac{1}{2}x^2-3x+5$ は，$x=\boxed{}$ のとき最小値$\boxed{}$である。

(2) 2次関数 $y=a(x-1)^2+a^2+2a$ の最大値が 8 のとき，$a=\boxed{}$ である。

解 (1) $y=\dfrac{1}{2}x^2-3x+5=\dfrac{1}{2}(x-3)^2+\dfrac{1}{2}$ より

◆ 2次関数の最大，最小は平方完成して求める。

$$x=\boxed{3}\ \text{のとき}\quad\text{最小値}\ \boxed{\dfrac{1}{2}}$$

(2) 最大値が 8 だから $\quad a^2+2a=8$

$$(a+4)(a-2)=0$$

◆ $y=ax^2+bx+c$ が
最大値をもつとき $a<0$
最小値をもつとき $a>0$

よって，$a=-4,\ 2$

$a<0$ だから $\quad a=\boxed{-4}$

解法のアシスト

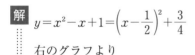

$y=ax^2+bx+c$
の最大・最小 ➡ 平方完成して頂点を求め，次のことを確認
・$a>0$ ……下に凸：最小値
・$a<0$ ……上に凸：最大値

☑ **練習 22** 2次関数 $y=ax^2-4ax+a^2+7a-4$ のグラフが点 $(3,\ 8)$ を通るとき，$a=\boxed{}$ ならば $x=\boxed{}$ のとき最大値$\boxed{}$，$a=\boxed{}$ ならば $x=\boxed{}$ のとき最小値$\boxed{}$である。

例題 23 定義域がある最大・最小

2次関数 $y=x^2-x+1\ (-1\leqq x\leqq1)$ は，$x=\boxed{}$ のとき最大値$\boxed{}$，$x=\boxed{}$ のとき最小値$\boxed{}$である。

解 $y=x^2-x+1=\left(x-\dfrac{1}{2}\right)^2+\dfrac{3}{4}$

右のグラフより

$$x=\boxed{-1}\ \text{のとき}\quad\text{最大値}\ \boxed{3}$$

$$x=\boxed{\dfrac{1}{2}}\ \text{のとき}\quad\text{最小値}\ \boxed{\dfrac{3}{4}}$$

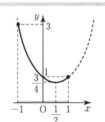

◆ $y=x^2-x+1$ のグラフをかき，$-1\leqq x\leqq1$ の両端の y の値を求める。

解法のアシスト

定義域がある最大・最小は頂点と両端の値を確認 ➡ グラフをかく

☑ **練習 23** 2次関数 $y=-2x^2-ax-a-1\ (a\ \text{は定数})$ は，$x=\boxed{}a$ のとき最大値 $\boxed{}a^2-a-\boxed{}$ となる。

この最大値を M として a の関数とみると $M=\boxed{}(a-\boxed{})^2-\boxed{}$ と変形できる。また，a のとりうる値の範囲が $0\leqq a\leqq8$ のとき，$\boxed{}\leqq M\leqq\boxed{}$ である。

例題 24　定義域が動く場合の最大・最小

2次関数 $f(x)=x^2-4x+5$ について，次の問いに答えよ。

(1)　2次関数 $y=f(x)$ のグラフは頂点の座標が（ □ ， □ ）の放物線である。

　　$a \neq 0$ のとき，$f(0)=f(a)$ となる a の値は $a=$ □ である。

(2)　$f(x)$ の $0 \leq x \leq a\ (a>0)$ において，

　　最大値は $0<a<$ □ のとき □ ，

　　　　　　 □ $\leq a$ のとき a^2- □ $a+$ □ である。

　　最小値は $0<a<$ □ のとき a^2- □ $a+$ □ ，

　　　　　　 □ $\leq a$ のとき □ である。

解

(1)　$y=f(x)=(x-2)^2+1$ より

　　頂点の座標は（ $\boxed{2}$ ， $\boxed{1}$ ）

　　$f(0)=f(a)$ より　$5=a^2-4a+5$

　　　　　　　　　　　　　$a(a-4)=0$

　　$a \neq 0$ だから　$a=\boxed{4}$

(2)　最大値は

　　$0<a<\boxed{4}$ のとき $f(0)=\boxed{5}$

　　$\boxed{4} \leq a$ のとき

　　　$f(a)=a^2-\boxed{4}a+\boxed{5}$

　最小値は

　　$0<a<\boxed{2}$ のとき

　　　$f(a)=a^2-\boxed{4}a+\boxed{5}$

　　$\boxed{2} \leq a$ のとき $\boxed{1}$

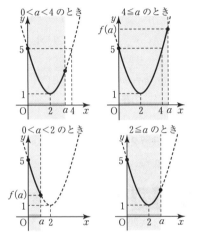

定義域を拡げていくとき，
どこから最大，最小が変わるかを考える。

解法のアシスト

定義域が動く場合の最大・最小

・固定されたグラフに対して，定義域を少しずつ拡げて，
　グラフの変化を考える

・右図が場合分けを考える分岐点

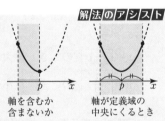

軸を含むか　　　軸が定義域の
含まないか　　　中央にくるとき

□ **練習 24**　2次関数 $f(x)=2x^2-6x$ について，次の問いに答えよ。

(1)　2次関数 $y=f(x)$ のグラフは頂点の座標が（ □ ， □ ）の放物線である。

　　$a \neq -1$ のとき，$f(-1)=f(a)$ となる a の値は $a=$ □ である。

(2)　$f(x)$ の $-1 \leq x \leq a\ (a>-1)$ において，

　　最大値は $-1<a<$ □ のとき □ ，□ $\leq a$ のとき □ a^2- □ a である。

　　最小値は $-1<a<$ □ のとき □ a^2- □ a ，□ $\leq a$ のとき □ である。

例題 25　グラフが動く場合の最大・最小

2次関数 $y=x^2-4ax+4a^2+1$ のグラフは頂点の座標が（$\boxed{}a$, $\boxed{}$）の放物線である。2次関数の $0\leqq x\leqq 1$ における最小値は

$a<\boxed{}$ のとき $\boxed{}a^2+\boxed{}$,

$\boxed{}\leqq a\leqq\boxed{}$ のとき $\boxed{}$,

$\boxed{}<a$ のとき $\boxed{}a^2-\boxed{}a+\boxed{}$ である。

解　$y=x^2-4ax+4a^2+1=(x-2a)^2+1$ より，

頂点の座標は（$\boxed{2}a$, $\boxed{1}$）

● 軸が $x=2a$ であるから，a の値によってグラフは左，右に動くことを理解する。

$a<0$ のとき　　　　$0\leqq a\leqq\dfrac{1}{2}$ のとき　　　$\dfrac{1}{2}<a$ のとき

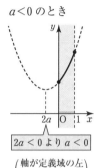 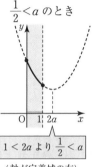

$\boxed{2a<0\ \text{より}\ a<0}$　　$\boxed{\begin{array}{c}0\leqq 2a\leqq 1\ \text{より}\\0\leqq a\leqq\dfrac{1}{2}\end{array}}$　　$\boxed{1<2a\ \text{より}\ \dfrac{1}{2}<a}$

$\left(\begin{array}{c}\text{軸が定義域の左}\\\text{側にあるとき}\end{array}\right)$　　$\left(\begin{array}{c}\text{軸が定義域の内}\\\text{側にあるとき}\end{array}\right)$　　$\left(\begin{array}{c}\text{軸が定義域の右}\\\text{側にあるとき}\end{array}\right)$

● グラフのどの部分が定義域に対応するか，動かして考える。

上のグラフより

$a<\boxed{0}$ のとき，$x=0$ で最小値 $\boxed{4}a^2+\boxed{1}$

$\boxed{0}\leqq a\leqq\boxed{\dfrac{1}{2}}$ のとき，$x=2a$ で最小値 $\boxed{1}$

$\boxed{\dfrac{1}{2}}<a$ のとき，$x=1$ で最小値 $\boxed{4}a^2-\boxed{4}a+\boxed{2}$

解法のアシスト

グラフが動く場合の最大・最小

軸 $x=p$（頂点）が

"定義域の左側（I）"

"定義域の内側（II）"

"定義域の右側（III）"

の場合分けが基本

（I）　　　　　　（II）　　　　　　（III）

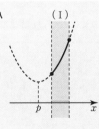 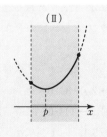 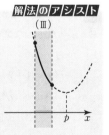

☐ **練習 25**　2次関数 $y=-x^2+ax$ のグラフは頂点の座標が（$\boxed{}a$, $\boxed{}a^2$）の放物線である。

この2次関数の $-2\leqq x\leqq 2$ における最大値は

$a<\boxed{}$ のとき $\boxed{}a-\boxed{}$,

$\boxed{}\leqq a\leqq\boxed{}$ のとき $\boxed{}a^2$,

$\boxed{}<a$ のとき $\boxed{}a-\boxed{}$ である。

例題 26　$\alpha < x < \beta$ の範囲に解をもつ条件

2次方程式 $x^2+2x+a-5=0$ は $\boxed{}<a<\boxed{}$ であるとき，
$1<x<2$ の範囲に重解でない解を1つもつ。

解　$f(x)=x^2+2x+a-5$ とおくと

$y=f(x)$ のグラフは，軸が $x=-1$ で $1<x<2$ の範囲に含まれないので，このグラフが x 軸の $1<x<2$ の部分と交わればよい。すなわち

$$f(1)\cdot f(2)<0$$

であればよい。

$f(1)=a-2,\ f(2)=a+3$ より

$$(a-2)(a+3)<0$$

よって，$\boxed{-3}<a<\boxed{2}$

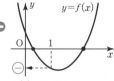

$$\begin{cases} f(1)<0 \\ f(2)>0 \end{cases} \qquad \begin{cases} f(1)>0 \\ f(2)<0 \end{cases}$$

解法のアシスト

$f(x)=ax^2+bx+c=0$ は $f(\alpha)\cdot f(\beta)<0$ ならば

➡ "$\alpha<x<\beta$ の範囲に1つの解"をもつ

グラフの軸が $\alpha<x<\beta$ の範囲にある場合

➡ $f(\alpha)=0$ や $f(\beta)=0$ も要検討

☑ **練習 26**　2次方程式 $x^2-4x+2a-7=0$ は $\boxed{}<a<\boxed{}$ のとき，$-1<x<1$ の範囲に重解でない解を1つもつ。

例題 27　$x=\alpha$ より大きい解と小さい解をもつ条件

2次方程式 $x^2+2x-a^2-2a=0$ が $x=1$ より大きい解と小さい解をもつような a の値の範囲は $a<\boxed{}$，$\boxed{}<a$ である。

解　$f(x)=x^2+2x-a^2-2a$ とおくと

$y=f(x)$ のグラフが $x=1$ のとき $y<0$ であればよいから

$$f(1)=1+2-a^2-2a<0$$
$$a^2+2a-3>0$$
$$(a+3)(a-1)>0$$

よって，$a<\boxed{-3}$，$\boxed{1}<a$

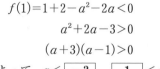

$f(1)<0$ のとき，$x=1$ の左と右でグラフは x 軸と交わる。

解法のアシスト

$f(x)=ax^2+bx+c=0\ (a>0)$ が

"$x=\alpha$ より大きい解と小さい解"をもつ条件は　➡　$f(\alpha)<0$

☑ **練習 27**　2次方程式 $x^2-3ax+a^2-1=0$ が $x=3$ より大きい解と小さい解をもつような a の値の範囲は $\boxed{}<a<\boxed{}$ である。また，正の解と負の解をもつような a の値の範囲は $\boxed{}<a<\boxed{}$ である。

例題 28　$\alpha < x < \beta$ の範囲に2つの解がある条件

2次方程式 $x^2-2ax+3a-2=0$ が異なる2つの実数解をもつとき $a<$ □ ，□$<a$ である。さらに，この2つの解が $-2<x<2$ の範囲にあるならば □$<a<$ □ である。

解 判別式を D とすると

$D=(-2a)^2-4(3a-2)=4(a-1)(a-2)>0$

よって，$a<\boxed{1}$，$\boxed{2}<a$ ……①

$f(x)=x^2-2ax+3a-2$ とおく。

$y=f(x)$ のグラフが x 軸の $-2<x<2$ の部分と，異なる2点で交わればよい。

軸は $x=a$ で $-2<(軸)<2$ より

$-2<a<2$ ……②

$f(-2)=4+4a+3a-2=7a+2>0$ から

$a>-\dfrac{2}{7}$

$f(2)=4-4a+3a-2=-a+2>0$ から

$a<2$

これらより　$-\dfrac{2}{7}<a<2$ ……③

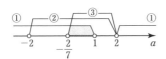

よって，$\boxed{-\dfrac{2}{7}}<a<\boxed{1}$

$\bullet$ $\dfrac{D}{4}=(-a)^2-(3a-2)$
$=(a-1)(a-2)>0$
の方が楽。

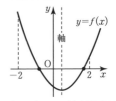

上のグラフの決定要素は
・D の正，負
・軸の位置
・$f(2)$ と $f(-2)$ の正，負

$\bullet$ ①，②，③の範囲を数直線上に示し，共通範囲を求める。

解法のアシスト

$f(x)=ax^2+bx+c=0$ $(a>0)$ が $\alpha<x<\beta$ の範囲に異なる2つの解をもつ条件は，グラフを

・$D>0$ で x 軸と交わらせる
・$\alpha<(軸)<\beta$ ｜で交点を $\alpha<x<\beta$ の
・$f(\alpha)>0$，$f(\beta)>0$ ｜範囲に押さえ込む

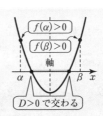

□ **練習 28**　$f(x)=x^2-(a+1)x+a+1$ について，$f(x)=0$ が $1<x<3$ の範囲に異なる2つの実数解をもつための a の条件を求めてみよう。

まず，$f(x)=0$ の判別式 D が正であるから $a<$ □ ，□$<a$ ……①

次に，$y=f(x)$ のグラフの軸が $1<x<3$ の範囲にあるから □$<a<$ □ ……②

さらに，$f(1)>0$ かつ $f(3)>0$ であるから $a<$ □ ……③

よって，①，②，③の共通範囲を求めて □$<a<$ □ となる。

数学 I 4 図形と計量

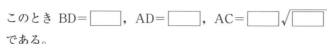

例題 29 三角比の基本

右の図において，$AB=10$，$AD=CD$，$\cos\theta=\dfrac{4}{5}$ である。

このとき $BD=\boxed{}$，$AD=\boxed{}$，$AC=\boxed{}\sqrt{\boxed{}}$
である。

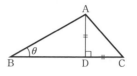

解　$\cos\theta=\dfrac{BD}{AB}$ より　$BD=AB\cos\theta=10\times\dfrac{4}{5}=\boxed{8}$

◀ BD を使って三角比を表す。

$\quad AD^2=AB^2-BD^2=10^2-8^2=36$

◀ 直角三角形 → 三平方の定理

$\quad AD>0$ より，$AD=\boxed{6}$

$\quad AC=\sqrt{2}\,AD$ だから　$AC=\boxed{6}\sqrt{\boxed{2}}$

◀ △ADC は直角二等辺三角形

解法のアシスト

直角三角形がでてきたら，
定義に従い，求める辺を
使って三角比を表す。

$\sin\theta=\dfrac{b}{c}$，$\cos\theta=\dfrac{a}{c}$，$\tan\theta=\dfrac{b}{a}$

☑ **練習 29**　右の図において，$AC=6$，$\tan\theta=3$ であるとき，

$AD=\boxed{}$，$BD=\boxed{}$，$BC=\boxed{}+\boxed{}\sqrt{\boxed{}}$
である。

例題 30 三角比の相互関係

$\cos\theta=\dfrac{\sqrt{5}}{3}$ $(0°\leqq\theta\leqq180°)$ のとき，$\sin\theta=\boxed{}$，$\tan\theta=\boxed{}$。

解　$\sin^2\theta+\cos^2\theta=1$ かつ $\sin\theta\geqq0$ だから

$\quad \sin\theta=\sqrt{1-\cos^2\theta}=\sqrt{1-\left(\dfrac{\sqrt{5}}{3}\right)^2}=\sqrt{\dfrac{4}{9}}=\boxed{\dfrac{2}{3}}$

◀ $\cos\theta=\dfrac{\sqrt{5}}{3}$ から直角三角形
を考えてもよい。

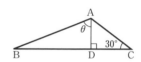

$\quad \tan\theta=\dfrac{\sin\theta}{\cos\theta}=\dfrac{2}{3}\div\dfrac{\sqrt{5}}{3}=\boxed{\dfrac{2\sqrt{5}}{5}}$

解法のアシスト

三角比の相互関係　➡　$\sin^2\theta+\cos^2\theta=1$，$\tan\theta=\dfrac{\sin\theta}{\cos\theta}$，$1+\tan^2\theta=\dfrac{1}{\cos^2\theta}$

☑ **練習 30**　(1)　$\sin\theta=\dfrac{\sqrt{7}}{5}$ $(90°\leqq\theta\leqq180°)$ のとき，$\cos\theta=\boxed{}$，$\tan\theta=\boxed{}$。

(2)　$\tan\theta=-\dfrac{1}{\sqrt{2}}$ $(0°\leqq\theta\leqq180°)$ のとき，$\cos\theta=\boxed{}$，$\sin\theta=\boxed{}$。

例題 31 三角比の値と角

$A = \cos\theta(2\sin\theta - 1)$ $(0° \leq \theta \leq 180°)$ とする。

$A = 0$ となる θ の値は $\theta = \boxed{}°$, $\boxed{}°$, $\boxed{}°$ であり,

$A \leq 0$ となる θ の範囲は $\boxed{}° \leq \theta \leq \boxed{}°$ または $\boxed{}° \leq \theta \leq \boxed{}°$ である。

解 $A = 0$ のとき, $\cos\theta = 0$ または $\sin\theta = \dfrac{1}{2}$

$0° \leq \theta \leq 180°$ だから

$\cos\theta = 0$ より $\theta = 90°$, $\sin\theta = \dfrac{1}{2}$ より $\theta = 30°$, $150°$

よって, $\theta = \boxed{30}°$, $\boxed{90}°$, $\boxed{150}°$

$A \leq 0$ のとき $\begin{cases} \cos\theta \geq 0 \\ \sin\theta \leq \dfrac{1}{2} \end{cases}$ ……①, $\begin{cases} \cos\theta \leq 0 \\ \sin\theta \geq \dfrac{1}{2} \end{cases}$ ……②

右の①, ②の単位円の図より

$\boxed{0}° \leq \theta \leq \boxed{30}°$, $\boxed{90}° \leq \theta \leq \boxed{150}°$

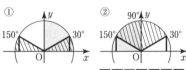

解法のアシスト

三角比の値や範囲を満たす θ は ➡ 単位円をかいて求める。

☐ **練習 31** $A = (2\sin\theta - \sqrt{3})(2\cos\theta + \sqrt{3})$ $(0° \leq \theta \leq 180°)$ とする。$A = 0$ となる θ の値は $\boxed{}°$, $\boxed{}°$, $\boxed{}°$ であり, $A \geq 0$ となる θ の範囲は $\boxed{}° \leq \theta \leq \boxed{}°$ または $\boxed{}° \leq \theta \leq \boxed{}°$ である。

例題 32 $\sin\theta$ と $\cos\theta$ の関係

$0° < \alpha < 90°$, $0° < \beta < 90°$ とする。

$\sin 2\alpha = \sin\beta$ のとき $\alpha = \boxed{}\beta$ または $\alpha = \boxed{}° - \boxed{}\beta$ である。

解 $0° < 2\alpha < 180°$, $0° < \beta < 90°$ だから

$2\alpha = \beta$ または $\sin 2\alpha = \sin(180° - \beta)$

$2\alpha = \beta$ より $\alpha = \boxed{\dfrac{1}{2}}\beta$

$2\alpha = 180° - \beta$ より $\alpha = \boxed{90}° - \boxed{\dfrac{1}{2}}\beta$

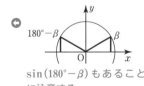

$\sin(180° - \beta)$ もあることに注意する。

解法のアシスト

$\sin\theta$ と $\cos\theta$ の関係 ➡ $\sin(90° - \theta) = \cos\theta$, $\sin(180° - \theta) = \sin\theta$

$\cos(90° - \theta) = \sin\theta$, $\cos(180° - \theta) = -\cos\theta$

☐ **練習 32** $0° < \alpha < 90°$, $0° < \beta < 90°$ とする。

(1) $\sin 3\alpha = \sin 2\beta$ のとき $\alpha = \boxed{}\beta$ または $\alpha = \boxed{}° - \boxed{}\beta$ である。

(2) $\sin 2\alpha = \cos\beta$ のとき $\alpha = \boxed{}° + \boxed{}\beta$ または $\alpha = \boxed{}° - \boxed{}\beta$ である。

例題 **33** 余弦定理

(1) △ABC において AB＝4，AC＝3，$A＝120°$ のとき，BC＝□ である。

(2) △ABC において AB＝8，AC＝7，$B＝60°$ のとき，
C が鋭角ならば BC＝□，C が鈍角ならば BC＝□ である。

解 (1) $BC^2＝4^2＋3^2－2\cdot4\cdot3\cos120°$

$＝16＋9＋12＝37$

BC＞0 より，BC＝$\boxed{\sqrt{37}}$

◐ 余弦定理

2辺と1つの角がわかっている。

(2) BC＝x とおくと

$7^2＝8^2＋x^2－2\cdot8\cdot x\cos60°$

$49＝64＋x^2－8x$

$x^2－8x＋15＝0$

$(x－3)(x－5)＝0$ より $x＝3，5$

C が鋭角のとき BC＝$\boxed{5}$

C が鈍角のとき BC＝$\boxed{3}$

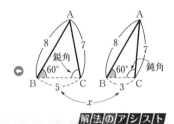

解法のアシスト

2辺と1つの角がわかれば，余弦定理が使える ➡ $a^2＝b^2＋c^2－2bc\cos A$

□ **練習 33** (1) △ABC において，AB＝4，BC＝$2\sqrt{3}$，$B＝150°$ のとき，AC＝□$\sqrt{□}$
である。

(2) △ABC において，AB＝3，AC＝$\sqrt{3}$，$B＝30°$ のとき，
C が鋭角ならば BC＝□$\sqrt{□}$，C が鈍角ならば BC＝$\sqrt{□}$ である。

例題 **34** 3辺が与えられた三角形

3辺の長さが 4，5，6 の三角形の最大角を θ とすると，$\cos\theta＝$□，$\sin\theta＝$□
である。

解 三角形の最大角は，最大辺の対角だから

$\cos\theta＝\dfrac{4^2＋5^2－6^2}{2\cdot4\cdot5}＝\dfrac{5}{40}＝\boxed{\dfrac{1}{8}}$

◐ 余弦定理

$\sin\theta＞0$ だから，

$\sin\theta＝\sqrt{1－\left(\dfrac{1}{8}\right)^2}＝\sqrt{\dfrac{63}{64}}＝\boxed{\dfrac{3\sqrt{7}}{8}}$

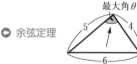

解法のアシスト

・三角形の3辺がわかれば，余弦定理で "どの角の cos の値" も求められる

・3辺の比から求められることもある

□ **練習 34** 3辺の長さが 2，3，4 の三角形の最大角を θ とすると，$\cos\theta＝$□，$\sin\theta＝$□ であ
る。

例題 35　正弦定理

$\triangle$ABC において，AB$=10$，$A=60°$，$C=45°$ のとき，BC$=\boxed{}$，外接円の半径 R は $\boxed{}$ である。

解

$$\dfrac{\text{BC}}{\sin 60°}=\dfrac{10}{\sin 45°}$$

$$\text{BC}=10\times\sqrt{2}\times\dfrac{\sqrt{3}}{2}=\boxed{5\sqrt{6}}$$

$$\dfrac{10}{\sin 45°}=2R \quad\text{より}\quad R=10\times\sqrt{2}\times\dfrac{1}{2}=\boxed{5\sqrt{2}}$$

◐ 正弦定理

1辺と2角がわかっている。

解法のアシスト

- 1辺と2角がわかれば，正弦定理が使える
- 外接円が出てくる公式は，正弦定理だけ

➡ $\dfrac{a}{\sin A}=\dfrac{b}{\sin B}=\dfrac{c}{\sin C}=2R$

☐ **練習 35**　(1)　$\triangle$ABC において，BC$=6\sqrt{3}$，$A=45°$，$C=75°$ のとき AC$=\boxed{}$，外接円の半径 R は $\boxed{}$ である。

(2)　$\triangle$ABC において，BC$=10$，外接円の半径が 10 のとき，$A=\boxed{}°$ または $A=\boxed{}°$ である。

例題 36　三角形の面積

右図の三角形において，$\triangle$OAB の面積は $\boxed{}$ であり，$\triangle$OAB と $\triangle$OCD の面積の比が $3:1$ のとき，OC$\cdot$OD$=\boxed{}$ である。

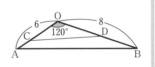

解

$$\triangle\text{OAB}=\dfrac{1}{2}\cdot 8\cdot 6\sin 120°$$

$$=\dfrac{1}{2}\cdot 8\cdot 6\cdot\dfrac{\sqrt{3}}{2}=\boxed{12\sqrt{3}}$$

$$\triangle\text{OAB}:\triangle\text{OCD}=\text{OA}\times\text{OB}:\text{OC}\times\text{OD}$$

$$6\cdot 8:\text{OC}\times\text{OD}=3:1$$

$$3\text{OC}\times\text{OD}=48$$

よって，OC$\cdot$OD$=\boxed{16}$

◐ $\triangle\text{OAB}=\dfrac{1}{2}\text{OA}\cdot\text{OB}\sin 120°$

$\triangle\text{OCD}=\dfrac{1}{2}\text{OC}\cdot\text{OD}\sin 120°$

だから

$\triangle\text{OAB}:\triangle\text{OCD}=\text{OA}\cdot\text{OB}:\text{OC}\cdot\text{OD}$

解法のアシスト

三角形の面積　➡　$\triangle\text{OAB}=\dfrac{1}{2}xy\sin\theta$，$\triangle\text{OCD}=\dfrac{1}{2}ab\sin\theta$

$\triangle\text{OAB}:\triangle\text{OCD}=xy:ab$

☐ **練習 36**　右図の三角形において，$\triangle$OAB の面積は $\boxed{}$ であり，$\triangle$OAB と $\triangle$OCD の面積の比が $4:1$ であるとき OD$:$OB$=\boxed{}:\boxed{}$ である。

例題 37　3辺がわかっている三角形の内接円，外接円の半径

$\triangle ABC$ において，$AB=2$，$BC=4$，$CA=3$ とする。このとき，$\cos A = \boxed{}$，$\sin A = \boxed{}$，$\triangle ABC$ の外接円の半径は $\boxed{}$ である。また，$\triangle ABC$ の面積は $\boxed{}$ であり，$\triangle ABC$ の内接円の半径は $\boxed{}$ である。

解 余弦定理より

$$\cos A = \frac{3^2 + 2^2 - 4^2}{2 \cdot 3 \cdot 2}$$

$$= \frac{-3}{12} = \boxed{-\frac{1}{4}}$$

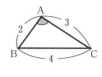

$\sin A > 0$ だから

$$\sin A = \sqrt{1 - \cos^2 A} = \sqrt{1 - \left(-\frac{1}{4}\right)^2} = \boxed{\frac{\sqrt{15}}{4}}$$

$\triangle ABC$ の外接円の半径 R は正弦定理より

$$\frac{4}{\sin A} = 2R$$

$$R = 4 \cdot \frac{4}{\sqrt{15}} \cdot \frac{1}{2} = \boxed{\frac{8\sqrt{15}}{15}}$$

$$\triangle ABC = \frac{1}{2} \cdot 2 \cdot 3 \sin A$$

$$= \frac{1}{2} \cdot 2 \cdot 3 \cdot \frac{\sqrt{15}}{4} = \boxed{\frac{3\sqrt{15}}{4}}$$

$\triangle ABC$ の内接円の半径を r，内心を I とおくと

$\triangle ABC = \triangle IAB + \triangle IBC + \triangle ICA$ より

$$\frac{1}{2} r(2+4+3) = \frac{3\sqrt{15}}{4} \quad \text{よって，} \quad r = \boxed{\frac{\sqrt{15}}{6}}$$

余弦定理
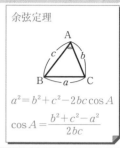
$$a^2 = b^2 + c^2 - 2bc \cos A$$
$$\cos A = \frac{b^2 + c^2 - a^2}{2bc}$$

正弦定理

$$\frac{a}{\sin A} = \frac{b}{\sin B} = \frac{c}{\sin C} = 2R$$

三角形の面積
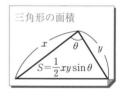
$$S = \frac{1}{2} xy \sin \theta$$

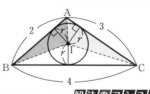

解法のアシスト

3辺がわかっている三角形

・余弦定理を使えば，$\cos A$，$\cos B$，$\cos C$ の値はどれでも求められる

・外接円の半径は正弦定理を使って求める

・内接円の半径は面積を比較して $S = \dfrac{1}{2} r(a+b+c)$ より求める

□ **練習 37**　$\triangle ABC$ において，$AB=5$，$BC=6$，$CA=3$ とする。BC の中点を D とすると，$\cos B = \boxed{}$，$AD = \boxed{}$ である。

また，$\triangle ABD$ の面積 S は $\boxed{}$ であり，$\triangle ABD$ の外接円の半径 R は $\boxed{}$ である。

さらに，$\triangle ABC$ の内接円の半径 r は $\boxed{}$ となる。

例題 38　角の二等分線の長さ

△ABC において，AB＝1，AC＝3，$A＝120°$ のとき，∠A の二等分線と BC との交点を D とすると，AD の長さは ◻ である。

解　$△ABC＝\dfrac{1}{2}\cdot1\cdot3\sin120°＝\dfrac{3\sqrt{3}}{4}$

△ABD＋△ACD＝△ABC だから

$\dfrac{1}{2}\cdot1\cdot AD\sin60°＋\dfrac{1}{2}\cdot3\cdot AD\sin60°＝\dfrac{3\sqrt{3}}{4}$

$\left(\dfrac{\sqrt{3}}{4}＋\dfrac{3\sqrt{3}}{4}\right)AD＝\dfrac{3\sqrt{3}}{4}$　よって，AD＝$\boxed{\dfrac{3}{4}}$

◖ △ABC＝△ABD＋△ACD の面積の関係を利用する。

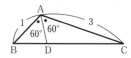

解法のアシスト
三角形の角の二等分線の長さを聞かれたら ➡ 面積の利用を考える

☐ **練習 38**　△ABC において，AB＝8，AC＝$4\sqrt{3}$，$A＝60°$ のとき，△ABC の面積は ◻ であり，∠A の二等分線と BC との交点を D とすると，AD の長さは 24(◻) である。

例題 39　円に内接する四角形の向かい合う角

円に内接する四角形 ABCD において，AB＝7，BC＝5，CD＝3，DA＝7 とする。このとき，cos∠ABC＝ ◻ ，AC＝ ◻ である。

解　△ABC と △ADC に余弦定理を用いて

$AC^2＝7^2＋5^2－2\cdot7\cdot5\cos∠ABC$
　　$＝74－70\cos∠ABC$ ……①
$AC^2＝3^2＋7^2－2\cdot3\cdot7\cos(180°－∠ABC)$
　　$＝58＋42\cos∠ABC$ ……②
①－②より　$0＝16－112\cos∠ABC$
　$112\cos∠ABC＝16$

よって，$\cos∠ABC＝\dfrac{16}{112}＝\boxed{\dfrac{1}{7}}$

①に代入して　$AC^2＝74－70\cdot\dfrac{1}{7}＝64$

AC>0 より，AC＝$\sqrt{64}＝\boxed{8}$

◖ $\cos(180°－\theta)＝-\cos\theta$
◖ ①，②は，△ABC と △ADC に余弦定理を適用して AC^2 を求めている。

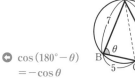

解法のアシスト
円に内接する四角形
"向かい合う内角の和は 180°"　　$\cos(180°－\theta)＝-\cos\theta$ はよく使う

☐ **練習 39**　円に内接する四角形 ABCD において，AB＝6，BC＝3，CD＝3，DA＝4 とする。このとき，cos∠ABC＝ ◻ ，AC＝ ◻ である。

例題 **40** 円に内接する四角形

四角形 ABCD は円 O に内接し，∠BAD は鈍角で AB＝2，BC＝$\sqrt{6}$，DA＝$\sqrt{6}$，

$\sin\angle BAD=\dfrac{1}{\sqrt{3}}$ とする。このとき，BD＝ ☐ ，円 O の半径は ☐ ，

CD＝ ☐ ，四角形 ABCD の面積は ☐ である。

 解

$$\cos\angle BAD=-\sqrt{1-\left(\frac{1}{\sqrt{3}}\right)^2}=-\frac{\sqrt{6}}{3}$$

$$BD^2=2^2+(\sqrt{6})^2-2\cdot2\cdot\sqrt{6}\cdot\left(-\frac{\sqrt{6}}{3}\right)=18$$

BD＞0 より，BD＝$\sqrt{18}$＝$\boxed{3\sqrt{2}}$

△ABD の外接円 O の半径を R とすると

$$\frac{3\sqrt{2}}{\sin\angle BAD}=2R$$

よって，$R=3\sqrt{2}\cdot\sqrt{3}\cdot\dfrac{1}{2}=\boxed{\dfrac{3\sqrt{6}}{2}}$

CD＝x とおいて，△CBD に余弦定理を適用すると

$$(3\sqrt{2})^2=(\sqrt{6})^2+x^2-2\cdot\sqrt{6}\cdot x\cos\angle BCD \quad\cdots\cdots①$$

ここで，$\cos\angle BCD=\cos(180°-\angle BAD)$

$$=-\cos\angle BAD=\frac{\sqrt{6}}{3}$$

①は　$18=6+x^2-2\sqrt{6}\cdot\dfrac{\sqrt{6}}{3}x$

$$x^2-4x-12=0$$

$$(x-6)(x+2)=0$$

$x＞0$ より　$x=\boxed{6}$

四角形 ABCD の面積は

$\sin\angle BCD=\sin(180°-\angle BAD)=\sin\angle BAD$ より

$$△ABD+△CBD=\frac{1}{2}\cdot\sqrt{6}\cdot2\cdot\frac{1}{\sqrt{3}}+\frac{1}{2}\cdot\sqrt{6}\cdot6\cdot\frac{1}{\sqrt{3}}$$

$$=\sqrt{2}+3\sqrt{2}=\boxed{4\sqrt{2}}$$

◖ ∠BAD は鈍角だから
　$\cos\angle BAD<0$

◖ 外接円ときたら正弦定理

◖ 円に内接する四角形では
　　∠BAD＋∠BCD＝180°
　は full 出場。

◖ 四角形の面積は三角形に分割する。

解法のアシスト

円に内接する四角形では　➡　分割した２つの三角形に
　　　　　　　　　　　　　　　余弦定理，正弦定理を駆使する

☐ **練習 40** 四角形 ABCD は，円 O に内接し，AB＝3，BC＝CD＝$\sqrt{3}$，

$\cos\angle ABC=\dfrac{\sqrt{3}}{6}$ とする。このとき，AC＝☐，AD＝☐，$\sin\angle ABC$＝☐ であり，円 O

の半径は☐である。また，四角形 ABCD の面積は☐である。

例題 41 空間図形の中の三角形

1辺が3の正四面体 ABCD において，辺 BC を 2：1 に内分する点を P とする。このとき，AP＝□，cos∠APD＝□ である。

解　$AP^2＝PC^2＋AC^2－2\cdot PC\cdot AC\cdot\cos 60°$

◀ △ACP に余弦定理を適用
PC＝1，∠ACP＝60°

$$＝1^2＋3^2－2\cdot 1\cdot 3\cdot\frac{1}{2}＝7$$

$AP>0$ より，$AP＝\boxed{\sqrt{7}}$

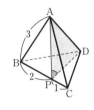

$$\cos∠APD＝\frac{(\sqrt{7})^2＋(\sqrt{7})^2－3^2}{2\cdot\sqrt{7}\cdot\sqrt{7}}$$

◀ △APD に余弦定理を適用
AP＝DP＝$\sqrt{7}$

$$＝\boxed{\frac{5}{14}}$$

解法のアシスト

・空間図形 ➡ 基本は三角形をとらえて "余弦定理，正弦定理" で
・正四面体 ➡ 4つの面はすべて正三角形

☐ **練習 41**　1辺が2の正四面体 ABCD において，辺 AB，AD の中点をそれぞれ M，N とすると，cos∠MCN＝□ で，△MCN の面積は□ である。

例題 42 空間図形の高さ

右図は，底面の1辺の長さが6の正四角すいである。この体積 V が 60 であるとき，高さ OH は□，tan∠OAC＝□ である。

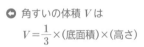

解　$V＝\dfrac{1}{3}\cdot 36\cdot OH＝60$ より　$OH＝\boxed{5}$

◀ 角すいの体積 V は
$$V＝\frac{1}{3}×(底面積)×(高さ)$$

$$AH＝\frac{1}{2}AC＝\frac{1}{2}\cdot 6\sqrt{2}＝3\sqrt{2}$$

よって，$\tan∠OAC＝\dfrac{OH}{AH}＝\dfrac{5}{3\sqrt{2}}＝\boxed{\dfrac{5\sqrt{2}}{6}}$

解法のアシスト

角すいの高さは ➡ （体積）＝$\dfrac{1}{3}$×（底面積）×（高さ）　の関係から求められる

☐ **練習 42**　右図のような直方体 ABCD-EFGH において，AB＝3，AD＝2，AE＝1 とする。
このとき，cos∠BED＝□，△BDE の面積は□，四面体 ABDE の体積 V は□であり，A から平面 BDE に下ろした垂線の長さhは□である。

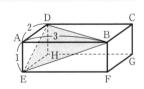

例題 43　空間図形と直角三角形・体積比

1 辺が 1 の正四面体 ABCD がある。A から底面の △BCD に垂線 AH を下ろすとき，AH = ☐ であり，正四面体の体積は ☐ である。また，AC の中点を M，AD を 2 : 1 に内分する点を N とすると，四面体 ABMN の体積は四面体 ABCD の体積の ☐ 倍である。

解　右の図のように，点 H は △BCD の重心になる。

辺 BC の中点を P とすると，

△APH において

$$AP^2 = AH^2 + PH^2$$

$$\left(\frac{\sqrt{3}}{2}\right)^2 = AH^2 + \left(\frac{\sqrt{3}}{6}\right)^2$$

$$\frac{3}{4} = AH^2 + \frac{1}{12}$$

$$AH^2 = \frac{2}{3} \quad AH > 0 \text{ より，} \quad AH = \sqrt{\frac{2}{3}} = \boxed{\frac{\sqrt{6}}{3}}$$

◐ $AP = PD = \dfrac{\sqrt{3}}{2}$

$PH = \dfrac{1}{3}PD = \dfrac{\sqrt{3}}{6}$

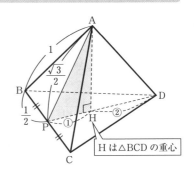

H は △BCD の重心

$$\triangle BCD = \frac{1}{2} \times 1 \times 1 \times \sin 60° = \frac{\sqrt{3}}{4} \text{ だから，}$$

正四面体の体積は

$$\frac{1}{3} \times \frac{\sqrt{3}}{4} \times \frac{\sqrt{6}}{3} = \boxed{\frac{\sqrt{2}}{12}}$$

◐ $V = \dfrac{1}{3} \times \underset{(底面積)}{\triangle BCD} \times \underset{(高さ)}{AH}$

四面体 ABMN と四面体 ABCD において

底面を △AMN と △ACD とすると

$$\triangle AMN = \frac{1}{2} \triangle ACN = \frac{1}{2} \cdot \frac{2}{3} \triangle ACD = \frac{1}{3} \triangle ACD$$

◐ 例題 36

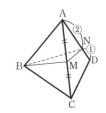

高さは等しいから，四面体 ABMN の体積は

四面体 ABCD の体積の $\boxed{\dfrac{1}{3}}$ 倍である。

解法のアシスト

空間図形 ➡
- 直角三角形が key になることが多い
- "三平方の定理" "sin, cos, tan" はスタメン full 出場
- 体積比は，底面積の比と高さの比に着目
- 正四面体では，頂点から下ろした垂線は対面の重心にくる

☐ **練習 43**　右の図のように，1 辺が 1 の正四面体 ABCD が半径 r，中心 O の球に内接している。A から底面に下ろした垂線を AH とすると，△OBH について，OB = r，BH = ☐，OH = ☐ $- r$ である。

$OB^2 = BH^2 + OH^2$ が成り立つから $r = $ ☐ である。

また，この正四面体 ABCD の体積は四面体 OBCH の体積の ☐ 倍である。

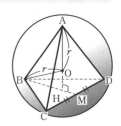

数学I　5　データの分析

例題 44　度数分布と代表値

右の表は，あるゲームを 15 人で行ったときの得点をまとめたものである。次の問いに答えよ。

得点	1	2	3	4	5
人数	2	x	3	y	1

(1) 平均値が 2.8 のとき，$x=$ _____ ，$y=$ _____ である。また，そのときの中央値は _____ ，最頻値は _____ である。

(2) 中央値が 3 のとき，x のとりうる値は _____ である。

(3) 最頻値が 4 だけのとき，y のとりうる値は _____ である。

解 (1) データの数は 15 だから

$$2+x+3+y+1=15　より　x+y=9　\cdots\cdots①$$

平均値が 2.8 だから

$$\frac{1}{15}(1\times2+2x+3\times3+4y+5\times1)=2.8$$

$$16+2x+4y=42　より　x+2y=13　\cdots\cdots②$$

◯ データの総数をおさえる。

◯ $\bar{x}=\dfrac{1}{N}(x_1+x_2+\cdots+x_n)$

①，②を解いて　$x=\boxed{5}$ ，$y=\boxed{4}$

また，このとき，データの数が 15 なので，中央値は 8 番目の値である。

よって，$\boxed{3}$

最頻値は人数が 5 人いる得点で，$\boxed{2}$

(2) データの数が 15 で，中央値が 3 だから

$$2+x+3\geqq8　より　x\geqq3$$

$$1+y+3\geqq8　より　y\geqq4$$

①より　$y=9-x\geqq4$ だから　$x\leqq5$

よって，$3\leqq x\leqq5$ より　$x=\boxed{3,\ 4,\ 5}$

◯ データ数が 15 だから中央値は小さい方からも大きい方からも 8 番目にあるデータである。

(3) 最頻値が 4 だけだから $y\geqq4$ かつ $y>x$ である。

①より　$x=9-y<y$ だから　$y>4.5$

よって，$y=\boxed{5,\ 6,\ 7,\ 8,\ 9}$

解法のアシスト

代表値の問題 ➡
平均値：$\bar{x}=\dfrac{1}{N}(x_1+x_2+x_3+\cdots+x_n)$
中央値：小さい順に並べて中央にくる値
最頻値：最も多いデータ（1 つとは限らない）

練習 44 右の表は，あるゲームを 20 人で行ったときの得点をまとめたものである。

得点	1	2	3	4	5	6	7
人数	1	3	5	x	4	y	2

(1) 平均値が 4 点のとき，$x=$ ☐，$y=$ ☐ である。

(2) 中央値が 4.5 点のとき，$x=$ ☐，$y=$ ☐ である

(3) 最頻値が 3 点だけのとき，x のとりうる値は ☐ である。

例題 **45** 箱ひげ図

　右の箱ひげ図は，30 人に A，B のテストを実施した結果である。この箱ひげ図から読み取れることとして適切なものを，次の⓪〜③のうちからすべて選べ。

⓪　四分位範囲は A の方が大きい。
①　四分位偏差は B の方が大きい。
②　80 点以上の人数は B の方が多い。
③　40 点未満は A，B 合わせて最大 14 人である。

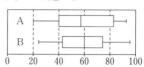

解　⓪：四分位範囲は，A が $Q_3 - Q_1 \fallingdotseq 82 - 40 = 42$（点），B が
　　　　$Q_3 - Q_1 \fallingdotseq 75 - 43 = 32$（点）より，正しい。　　　　◑ 四分位範囲は $Q_3 - Q_1$

　　①：四分位範囲から，四分位偏差も A の方が大きい。誤り。　　　◑ 四分位偏差は $\dfrac{Q_3 - Q_1}{2}$

　　②：A は $Q_3 \fallingdotseq 82$ だから 80 点以上は 8 人以上。
　　　　B は $Q_3 \fallingdotseq 75$ だから 80 点以上は 7 人以下。
　　　　よって，A の方が多い。誤り。

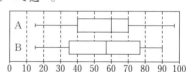

　　③：A は $Q_1 = 40$，B は $Q_1 \fallingdotseq 43$ だから 40 点未満はどちらも 7 人以下。
　　　　よって，合わせて最大 14 人となり，正しい。

　以上より，適切なものは $\boxed{⓪，③}$ 。

解法のアシスト

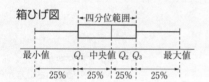

Q_1：第 1 四分位数
Q_2：第 2 四分位数（中央値）
Q_3：第 3 四分位数
$Q_3 - Q_1$：四分位範囲

☐ **練習 45**　右の箱ひげ図は，50 人に A，B のテストを実施した結果である。この箱ひげ図から読み取れることとして適切なものを，次の⓪〜③のうちからすべて選べ。

⓪　四分位範囲は A の方が大きい。
①　四分位偏差は B の方が大きい。
②　40 点未満の人数は B の方が多い。
③　60 点以上 70 点以下の人数は B の方が多い。

例題 **46** 平均値・分散と標準偏差

　右の表は 5 人のテストの結果である。このとき，平均値は ☐，分散は ☐，標準偏差は ☐ である。

生徒	A	B	C	D	E
得点	5	8	6	4	7

解　平均値 $\bar{x} = \dfrac{1}{5}(5 + 8 + 6 + 4 + 7) = \dfrac{30}{5} = \boxed{6}$（点）　　　◑ 平均値 $= \dfrac{データの総和}{データの個数}$

　　分散 $s^2 = \dfrac{1}{5}\{(5-6)^2 + (8-6)^2 + (6-6)^2 + (4-6)^2 + (7-6)^2\} = \dfrac{10}{5} = \boxed{2}$　　　◑ 偏差の 2 乗の平均値

$$別解 \quad s^2=\frac{1}{5}(5^2+8^2+6^2+4^2+7^2)-6^2=\boxed{2}$$

◀ 分散＝（2乗の平均値）－（平均値）²

$$標準偏差 \ s=\sqrt{2}≒\boxed{1.41}$$

◀ 標準偏差＝√分散

解法のアシスト

$$平均値：\overline{x}=\frac{1}{n}(x_1+x_2+\cdots+x_n)$$

$$分散：s^2=\frac{1}{n}\{(x_1-\overline{x})^2+(x_2-\overline{x})^2+\cdots\cdots+(x_n-\overline{x})^2\}$$

◀ （偏差）²の平均値

$$=\frac{1}{n}(x_1{}^2+x_2{}^2+\cdots+x_n{}^2)-(\overline{x})^2$$

◀ （2乗の平均値）－（平均値）²

$$標準偏差：s=\sqrt{s^2}=\sqrt{分散}$$

I

5

データの分析

☑ **練習 46**　右の表は，5人のテストの結果である。このとき，平均値は
□，分散は□，標準偏差は□である。

生徒	A	B	C	D	E
得点	6	10	4	13	7

例題 47 相関係数

右の表は5人のテスト x，y の結果で，x と y の平均値 $\overline{x}$，$\overline{y}$
と標準偏差 s_x，s_y は $\overline{x}=5$，$s_x=\sqrt{2}$，$\overline{y}=7$，$s_y=2$ である。
このとき，x と y の相関係数は□である。ただし，
$\sqrt{2}=1.4$ とする。

	A	B	C	D	E
x	3	5	6	4	7
y	4	7	10	6	8

解 x と y の共分散 s_{xy} は

$$s_{xy}=\frac{1}{5}\{(3-5)(4-7)+(5-5)(7-7)+(6-5)(10-7)$$
$$+(4-5)(6-7)+(7-5)(8-7)\}$$

◀ （x の平均値）（y の平均値）
$(x-\overline{x})(y-\overline{y})$
同じ人の x と y のデータを順番に入れて計算し，その和を求める。

$$=\frac{1}{5}(6+0+3+1+2)=\frac{12}{5}$$

よって，相関係数 r は，

$$r=\frac{s_{xy}}{s_xs_y}=\frac{12}{5}\cdot\frac{1}{\sqrt{2}\cdot2}=\frac{3\sqrt{2}}{5}=\frac{3\times1.4}{5}=0.84$$

解法のアシスト

$$相関係数 \quad r=\frac{s_{xy}}{s_xs_y} \quad ←x と y の共分散：(x-\overline{x})(y-\overline{y}) の平均値$$
$$←x と y の標準偏差の積$$

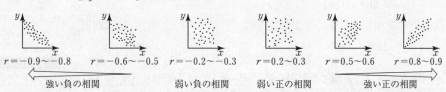

$r=-0.9～-0.8$　$r=-0.6～-0.5$　$r=-0.2～-0.3$　$r=0.2～0.3$　$r=0.5～0.6$　$r=0.8～0.9$

←——————　強い負の相関　　　　弱い負の相関　　　弱い正の相関　　　強い正の相関　——————→

☑ **練習 47**　右の表は，5人のテスト x とテスト y の結果である。x の標準
偏差は 2，y の標準偏差は $\sqrt{2}$ である。
このとき，x と y の相関係数は□である。ただし，$\sqrt{2}=1.4$ とする。

	A	B	C	D	E
x	7	6	9	3	5
y	4	3	6	5	2

数学A 1 場合の数と確率

例題 48 集合の要素の個数

1 から 100 までの自然数について考える。3 の倍数は □ 個あり，5 の倍数は □ 個ある。3 の倍数または 5 の倍数である数は □ 個ある。

解 1 から 100 までの自然数の集合を U，そのうちの 3 の倍数の
集合を A，5 の倍数の集合を B とする。

$A = \{3 \times 1,\ 3 \times 2,\ \cdots\cdots,\ 3 \times 33\}$ 　　　　　● $100 \div 3 = 33$ 余り 1

$\quad n(A) = \boxed{33}$

$B = \{5 \times 1,\ 5 \times 2,\ \cdots\cdots,\ 5 \times 20\}$ 　　　　　● $100 \div 5 = 20$

$\quad n(B) = \boxed{20}$

$A \cap B = \{15 \times 1,\ 15 \times 2,\ \cdots\cdots,\ 15 \times 6\}$ 　　　● $A \cap B$ は $3 \times 5 = 15$ の倍数
　　　　　　　　　　　　　　　　　　　　　　　　　　　　　の集合である。
$\quad n(A \cap B) = 6$

「3 の倍数または 5 の倍数」の集合は $A \cup B$ と表せる。

$n(A \cup B) = n(A) + n(B) - n(A \cap B) = 33 + 20 - 6 = \boxed{47}$

解法のアシスト

和集合の要素の個数は

$n(A \cup B) = n(A) + n(B) - n(A \cap B)$ を使え
　　　　　　　　　　ダブリをひく

$A \cap B$

☑ **練習 48** 1 から 100 までの整数のうち，3 でも 4 でも割り切れる整数は □ 個あり，3 または 4 で割り切れる整数は □ 個ある。また，3 で割り切れるが 4 で割り切れない整数は □ 個ある。

例題 49 順列と重複順列

6 個の数字 0, 1, 2, 3, 4, 5 を用いて 4 桁の整数をつくるとき，相異なる 4 個の数字を用いると □ 個できる。同じ数字を何回用いてもよいとすると □ 個できる。

解 異なる 4 個の数字で 4 桁の整数をつくるのは

$5 \times {}_5\mathrm{P}_3 = 5 \times 5 \times 4 \times 3$

$\qquad = \boxed{300}$ （個）

同じ数字を繰り返し使ってよい場合は

$5 \times 6^3 = \boxed{1080}$ （個）

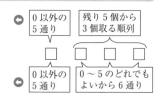

解法のアシスト

異なる n 個から r 個とる順列 ➡ ${}_n\mathrm{P}_r = n(n-1)(n-2)\cdots(n-r+1)$

異なる n 個から重複を許して r 個とる順列 ➡ n^r

☑ **練習 49** 4 桁の自然数で，千の位が 1 であるものは □ 個で，各位の数がすべて異なるものは □ 個ある。また，1 と 2 だけからなるものは □ 個ある。

例題 50 組合せ

1 から 10 までの番号がそれぞれ 1 つずつ書いてある合計 10 枚のカードがある。この中から 3 枚選ぶとき，すべて偶数であるのは ⬚ 通りで，3 枚のカードの積が偶数であるのは ⬚ 通りである。

解 2, 4, 6, 8, 10 の 5 枚から 3 枚選べばよいから

$$_5C_3 = \boxed{10} \quad (\text{通り})$$

積が偶数になるのは，3 枚のうち，少なくとも 1 枚が偶数ならばよい。

$$_{10}C_3 - {}_5C_3 = 120 - 10 = \boxed{110} \quad (\text{通り})$$

┗すべて奇数である場合

◀ 全体の総数 $_{10}C_3$

奇数だけ	少なくとも 1 枚は
$_5C_3$	偶数 $_{10}C_3 - {}_5C_3$

解法のアシスト

$_nC_r$（組合せ）と $_nP_r$（順列）の違いは，これを理解 ➡ $\underset{(\text{取り出し})}{\underset{\uparrow}{_nC_r}} \times \underset{(\text{並べる})}{\underset{\uparrow}{r!}} = \underset{(\text{順列})}{\underset{\uparrow}{_nP_r}}$

☐ **練習 50** 1 から 9 までの番号がそれぞれ 1 つずつ書いてある合計 9 枚のカードがある。この中から 3 枚選ぶとき，すべて 7 以下であるのは ⬚ 通りで，3 枚の数の最大値が 7 であるのは ⬚ 通りである。また，1 または 9 が選ばれるのは ⬚ 通りである。

例題 51 組分け

6 人を 1 人，2 人，3 人に分けるのは ⬚ 通りある。2 人ずつ A，B，C の 3 組に分けるのは ⬚ 通りある。2 人ずつ 3 組に分ける方法は ⬚ 通りある。

解 1 人，2 人，3 人に分けるのは

$$_6C_1 \times {}_5C_2 \times {}_3C_3 = 6 \times 10 \times 1 = \boxed{60} \quad (\text{通り})$$

◀ 人数が違うから組の区別がつく。

2 人ずつ A，B，C 3 組に分けるのは

$$_6C_2 \times {}_4C_2 \times {}_2C_2 = 15 \times 6 \times 1 = \boxed{90} \quad (\text{通り})$$

◀ 人数は同じであるが，組を区別している。

2 人ずつ 3 組に分けるのは人数が同じで 3 つの組の区別がつかないから $\dfrac{90}{3!} = \boxed{15} \quad (\text{通り})$

◀ A，B，C の区別をしないから 3! で割る。

解法のアシスト

組分けの問題 ➡ 組の区別がつかない同数のグループ分けは（グループの数）! で割る

☐ **練習 51** (1) 9 冊の本を 4 冊，3 冊，2 冊に分けるのは ⬚ 通りある。

(2) 9 冊の本を A に 1 冊，B に 4 冊，C に 4 冊分けるのは ⬚ 通りある。

(3) 9 冊の本を 1 冊，4 冊，4 冊に分けるのは ⬚ 通りある。

例題 **52** 同じものを含む順列

6つの文字 A，B，B，C，C，C がある。次の問いに答えよ。

(1)　6つの文字を一列に並べる並べ方は □ 通りである。

(2)　(1)のとき，C が両端にくるのは □ 通り。また，B と B が隣り合うのは □
通りである。

(3)　この6文字を円形に並べると，並べ方は □ 通りである。

解 (1)　A，B，B，C，C，C の並べ方は

$$\frac{6!}{2!3!}=\frac{6\cdot5\cdot4}{2\cdot1}=\boxed{60}\ \text{（通り）}$$

◉ 同じものを含む順列

$$\frac{n!}{p!q!r!}$$

(2)　C が両端にくるのは

$$\frac{4!}{2!}=4\cdot3=\boxed{12}\ \text{（通り）}$$

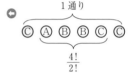

隣り合う B と B を1つとみて

A，(B，B)，C，C，C を並べる。

$$\frac{5!}{3!}=5\cdot4=\boxed{20}\ \text{（通り）}$$

(3)　はじめに1個しかない A を固定し，残りの
B，B，C，C，C を並べる。

$$\frac{5!}{3!2!}=\frac{5\cdot4}{2\cdot1}=\boxed{10}\ \text{（通り）}$$

$$\frac{5!}{3!2!}$$

解法のアシスト

同じものを含む順列

$$\frac{n!}{p!q!r!}\quad (n\text{個の中に，}p\text{個，}q\text{個，}r\text{個の同じものがある})$$

・両端にくるものは，はじめに並べる。

・隣り合うものは，まとめて1つとみる。

・隣り合わないものは，あとから並ぶ場所を決める。

・円形に並べるときは，はじめに1つを固定する。

☐ **練習 52**　A，A，B，B，C，C，C，C の8文字がある。次の問いに答えよ。

(1)　8個の文字を一列に並べるとき，並べ方は □ 通りである。

(2)　(1)のとき，両端が同じ文字であるような並べ方は □ 通りであり，8個の文字が左右対称に
なるような並べ方は □ 通りである。

(3)　(1)のとき，4個の C が連続して並ぶ並べ方は □ 通りであり，4個の C がいずれも隣り合わ
ないような並べ方は □ 通りである。

(4)　円形に並べるとき，A と A が隣り合うような並べ方は □ 通りである。

例題 53 重複順列の応用

6 人を A，B 2 つの部屋に入れるとき，空き部屋があってもよい場合の入れ方は
□ 通りであり，どちらの部屋にも少なくとも 1 人は入るものとすると，その入れ
方は □ 通りある。

解 1 人について A か B の部屋に入るから 2 通りある。

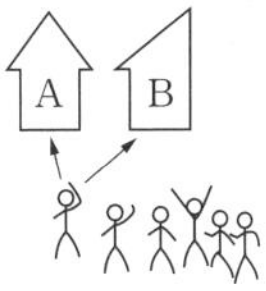

空き部屋があってもよい場合は，6 人いるから，

その入り方は $2^6 =$ ┃ 64 ┃（通り）

少なくとも 1 人は入る場合は，

A だけまたは B だけに入る場合の 2 通りを除くから

$2^6 - 2 =$ ┃ 62 ┃（通り）

解法のアシスト

r 人のそれぞれに n 通りある順列は ➡ $n \times n \times \cdots \times n = n^r$（重複順列）

☐ **練習 53** 　5 人を A，B，C の 3 つの部屋に入れるとき，空き部屋があってもよい場合は□通り
あり，C だけが空き部屋になるのは□通りである。

例題 54 順列と組合せの融合

1 から 9 までの自然数のうち，異なる 4 個を使って 4 桁の整数をつくるとき，偶数と
奇数が 2 個ずつ使われている整数は □ 個ある。

解 2，4，6，8 から 2 個選ぶのは

$_4C_2 = 6$（通り）

奇数 1，3，5，7，9 から 2 個選ぶのは

$_5C_2 = 10$（通り）

選んだ 4 個の数を並べるのは

$_4P_4 = 4 \cdot 3 \cdot 2 \cdot 1 = 24$（通り）

よって，$_4C_2 \times _5C_2 \times _4P_4 = 6 \times 10 \times 24$

$=$ ┃ 1440 ┃（個）

◖ まず，使われる 2 個の
数字を選ぶ。

◖ 4 個はすべて異なる数
だから $_4P_4$ 通り

解法のアシスト

順列と組合せの融合 ➡ ・まず，組合せで条件をセットし，
・それから順列で並べることがよくある。

☐ **練習 54** 　右図の 5 か所に 0 から 9 までの数を並べるとき，次のような
並べ方は何通りあるか。

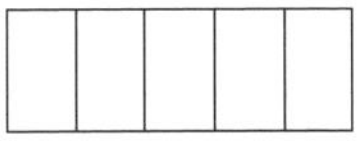

(1) 左から順番に数字が大きくなるような並べ方は□通り。

(2) 2 種類の数で並べるのは□通り。

(3) 3 種類の数で並べるのは□通り。

例題 **55** 確率の基本

白球 3 個，赤球 4 個，黒球 3 個が入っている袋から，同時に 3 個の球を取り出すとき，取り出された球の色がすべて異なる確率は ▢ であり，取り出された球の色がすべて同じ色である確率は ▢ である。

解 合計 10 個から 3 個を取り出すのは $_{10}C_3 = 120$（通り）

◯ 起こりうる場合の数をまず求める。

白，赤，黒をそれぞれ 1 個ずつ取り出すのは

$$_3C_1 \times _4C_1 \times _3C_1 = 3 \times 4 \times 3 = 36 \text{（通り）} \quad \text{よって，} \frac{36}{120} = \boxed{\frac{3}{10}}$$

すべて同じ色の球であるのは，白 3 個，赤 3 個，黒 3 個のときだから

$$_3C_3 + _4C_3 + _3C_3 = 1 + 4 + 1 = 6 \text{（通り）} \quad \text{よって，} \frac{6}{120} = \boxed{\frac{1}{20}}$$

解法のアシスト

事象 A の起こる確率 $P(A)$ は ➡ $P(A) = \dfrac{\text{事象 } A \text{ の起こる場合の数}}{\text{起こりうるすべての場合の数}}$

☑ **練習 55** 1 から 100 までの番号がそれぞれ 1 つずつ書いてある 100 枚のカードがある。この中から 1 枚のカードを引くものとする。このとき 4 の倍数かつ 6 の倍数のカードを引く確率は ▢ である。また，4 の倍数または 6 の倍数のカードを引く確率は ▢ である。さらに，4 の倍数であるが 6 の倍数でないカードを引く確率は ▢ である。

例題 **56** 余事象の確率

10 本のくじの中に当たりくじが 3 本ある。このくじの中から同時に 4 本のくじを引くとき，少なくとも 1 本が当たりくじである確率は ▢ である。

解 4 本ともすべてはずれる確率は

◯ 少なくとも 1 本が当たる事象は 4 本ともはずれる事象の余事象

$$\frac{_7C_4}{_{10}C_4} = \frac{7 \cdot 6 \cdot 5 \cdot 4}{10 \cdot 9 \cdot 8 \cdot 7} = \frac{1}{6}$$

少なくとも 1 本が当たりくじである確率は

$$1 - \frac{1}{6} = \boxed{\frac{5}{6}}$$

◯ 余事象の確率
$P(\overline{A}) = 1 - P(A)$

解法のアシスト

・少なくとも……

・3 つ以上の場合分けがあるとき ➡ 余事象の確率を考える

☑ **練習 56** 袋の中に赤球 3 個，青球 3 個，白球 6 個が入っている。この袋の中から同時に 3 個の球を取り出すとき，次の問いに答えよ。

(1) 少なくとも 1 個が白球である確率は ▢ である。

(2) 少なくとも 2 個が同じ色である確率は ▢ である。

例題 57　続けて起こる確率

1，2，3 の 3 枚のカードから 1 枚引き，もとに戻す試行を 4 回行う。

(1)　1 回目と 4 回目に 1 のカードを引く確率は ☐ である。

(2)　1 のカードをちょうど 2 回引き，その 2 回を連続して引く確率は ☐ である。

解

(1)　1 のカードを引く確率は $\dfrac{1}{3}$ だから

$$\dfrac{1}{3}\times 1\times 1\times \dfrac{1}{3}=\boxed{\dfrac{1}{9}}$$

◀ なんでもよい

1，☐，☐，1

(2)　1 のカードを 2 回，かつ連続して引く場合の数は

3 通りあり，3 通りとも確率は

$$\left(\dfrac{1}{3}\right)^{2}\times\left(\dfrac{2}{3}\right)^{2}=\dfrac{4}{81}$$

よって，$3\times\dfrac{4}{81}=\boxed{\dfrac{4}{27}}$

◀ 1 を引く事象を○
2，3 を引く事象を×で表す。

○○×× 　　　○…$\dfrac{1}{3}$
×○○× 　　　×…$\dfrac{2}{3}$
××○○

解法のアシスト

続けて起こる独立試行の確率　➡　その回ごとの確率を掛ける。

☐ **練習 57**　1 枚のコインを続けて 5 回続けて投げるとき，表と裏が交互に出る確率は ☐ で，表が 4 回以上連続して出る確率は ☐ である。

例題 58　さいころの確率

3 個のさいころを投げるとき，すべて異なる目が出る確率は ☐ である。また，出る目の 3 個の数の最小値が 1 となる確率は ☐ である。

解　3 個のさいころの目の出方は $6^{3}=216$（通り）

すべて異なる目は，1 から 6 の数から 3 個取る順列だから

$${}_6\mathrm{P}_3=6\cdot5\cdot4=120 \text{（通り）} \quad \text{よって，}\dfrac{120}{216}=\boxed{\dfrac{5}{9}}$$

最小値が 1 になるのは，少なくとも 1 個は 1 の目が出る場合だから，2 から 6 の目だけが出る場合の余事象である。

よって，$1-\left(\dfrac{5}{6}\right)^{3}=\boxed{\dfrac{91}{216}}$

◀ 3 個のさいころを区別して考える。

異なる目は ${}_6\mathrm{P}_3$ で
3 個の数を並べる

解法のアシスト

3 つのうちの最小値が k　➡　少なくとも 1 つは k と考える

☐ **練習 58**　(1)　3 個のさいころを投げるとき，出た目の数の積が 24 となる確率は ☐ である。また，同様に積が 3 で割り切れる確率は ☐ である。

(2)　4 個のさいころを投げるとき，出た目の数の積が素数となる確率は ☐ である。また，同様に積が 4 で割り切れる確率は ☐ である。

例題 59 反復試行の確率 I

1個のさいころを続けて4回投げる。3の倍数の目が2回だけ出る確率は □ である。3の倍数の目が2回以上出る確率は □ である。

解 3の倍数は3か6だから，4回投げて2回だけ出る確率は

$$_4\mathrm{C}_2\left(\frac{2}{6}\right)^2\left(\frac{4}{6}\right)^2=6\cdot\left(\frac{1}{3}\right)^2\left(\frac{2}{3}\right)^2=\boxed{\frac{8}{27}}$$

◀ 反復試行の確率
$_n\mathrm{C}_r\,p^r(1-p)^{n-r}$

3の倍数が2回以上出る確率は，

3の倍数が0回または1回だけ出る事象の余事象だから

$$1-\left\{_4\mathrm{C}_0\left(\frac{1}{3}\right)^0\left(\frac{2}{3}\right)^4+_4\mathrm{C}_1\left(\frac{1}{3}\right)^1\left(\frac{2}{3}\right)^3\right\}$$

◀ 余事象の確率
$P(\overline{A})=1-P(A)$

$$=1-\left(\frac{16}{81}+\frac{32}{81}\right)=\frac{33}{81}=\boxed{\frac{11}{27}}$$

解法のアシスト

r回起こる確率　　$(n-r)$回起こらない確率
$$\downarrow\qquad\qquad\swarrow$$
反復試行の確率　➡　$_n\mathrm{C}_r\,p^r\,(1-p)^{n-r}$
$$\uparrow$$
n回中r回起こる

☐ **練習 59**　1枚の硬貨を5回投げる。表が4回出る確率は □ である。少なくとも2回表が出る確率は □ である。

例題 60 反復試行の確率 II

A，Bの2人がゲームを行い，先に3勝した方を優勝とする。勝つ確率はどちらも $\frac{1}{2}$ で引き分けはないとする。このとき，4ゲーム目でAが優勝する確率は □ である。また，Aが優勝する確率は □ である。

解 Aが4ゲーム目で優勝するのは，3ゲーム目までに2勝し，4ゲーム目で勝つ場合なので　$_3\mathrm{C}_2\left(\frac{1}{2}\right)^2\left(\frac{1}{2}\right)\cdot\frac{1}{2}=\boxed{\frac{3}{16}}$

◀「最後に勝つ」がポイント。

Aが優勝するのは，3勝，3勝1敗，3勝2敗の場合なので

$$\left(\frac{1}{2}\right)^3+_3\mathrm{C}_2\left(\frac{1}{2}\right)^2\left(\frac{1}{2}\right)\cdot\frac{1}{2}+_4\mathrm{C}_2\left(\frac{1}{2}\right)^2\left(\frac{1}{2}\right)^2\cdot\frac{1}{2}=\frac{1}{8}+\frac{3}{16}+\frac{3}{16}=\boxed{\frac{1}{2}}$$

◀ 実力が同等なのでA，Bの優勝確率は同じ。

解法のアシスト

n回目で優勝が決まる　➡　$\underline{(n-1)}$回が反復試行，n回目は勝つ
ここまでで，あと1勝

☐ **練習 60**　AがBに勝つ確率が $\frac{1}{3}$，BがAに勝つ確率が $\frac{2}{3}$ であるA，Bの2人がゲームを行い，先に3勝した方を勝者とする。ゲームを4回行ってAが勝者となる確率は □ である。また，ゲームを5回行って勝者がどちらかに決まる確率は □ である。

例題 **61** 条件付き確率

赤球 2 個と白球 3 個が入っている袋 A と，赤球 3 個と白球 1 個が入っている袋 B が
ある。袋 A から 1 個を取り出し袋 B に入れ，よく混ぜて袋 B から 1 個を取り出す。
袋 B から白球を取り出す確率は ☐ であり，このとき，袋 A から赤球を取り出し
ていた条件付き確率は ☐ である。

解 袋 A から 1 個を取り出すとき

赤球を取り出す事象を X，

白球を取り出す事象を Y，

袋 B から白球を取り出す事象を W とすると

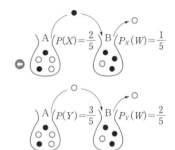

$$\underset{\text{A から赤　B から白}}{P(X) \cdot P_X(W)} = \frac{2}{5} \times \frac{1}{5} = \frac{2}{25}$$

$$\underset{\text{A から白　B から白}}{P(Y) \cdot P_Y(W)} = \frac{3}{5} \times \frac{2}{5} = \frac{6}{25}$$

よって，袋 B から白球を取り出す確率は

$$P(W) = P(X) \cdot P_X(W) + P(Y) \cdot P_Y(W)$$

$$= \frac{2}{25} + \frac{6}{25} = \boxed{\frac{8}{25}}$$

このとき，袋 A から赤球を取り出していた
条件付き確率は

$$P_W(X) = \frac{P(W \cap X)}{P(W)}$$

$$= \frac{\frac{2}{25}}{\frac{8}{25}} = \boxed{\frac{1}{4}}$$

◖ W で起こった原因が X である
　条件付き確率

$$\frac{P(X) \cdot P_X(W)}{P(X) \cdot P_X(W) + P(Y) \cdot P_Y(W)}$$

◖ $\dfrac{\dfrac{2}{25}\genfrac{}{}{0pt}{}{\text{A から赤球}}{\text{B から白球}}}{\underset{\substack{\text{A から赤球}\\\text{B から白球}}}{\dfrac{2}{25}} + \underset{\substack{\text{A から白球}\\\text{B から白球}}}{\dfrac{6}{25}}}$

解法のアシスト

条件付き確率 ⟹ $P_A(B) = \dfrac{P(A \cap B)}{P(A)}$

　　B が起こる確率
　　← A と B が同時に起こる確率
　　← A が起こる確率
　　A が起こった条件のもとで

☐ **練習 61** 袋 A には白球 3 個と赤球 2 個，袋 B には白球 2 個と赤球 1 個が入っている。袋 A から
2 個取り出し袋 B に入れ，よく混ぜて袋 B から 1 個を取り出す。

(1) 袋 A から白球を 2 個取り出し，袋 B からも白球を取り出す確率は ☐ である。

(2) 袋 B から白球を取り出す確率は ☐ であり，このとき，袋 A から取り出していた 2 個が，ど
ちらも白球である条件付き確率は ☐ である。

例題 **62** 期待値

白球 6 個と赤球 3 個が入っている袋から 1 個の球を取り出して，色を調べてからもと
に戻す。これを 3 回繰り返すとき，赤球の出る回数の期待値 E は $E=\boxed{}$（回）で
ある。

解 赤球の出る回数を X 回とする。

このとき，X のとりうる値は 0, 1, 2, 3 の
いずれかであり，それぞれの確率を $P(X)$
で表す。

◆ X のとりうる値をすべて
調べる。

1 回の試行で

赤球が取り出される確率は $\dfrac{3}{9}=\dfrac{1}{3}$

白球が取り出される確率は $\dfrac{6}{9}=\dfrac{2}{3}$ だから

$$P(0)=\left(\dfrac{2}{3}\right)^3=\dfrac{8}{27}$$

◆ 反復試行の確率
$P(r)={}_nC_r p^r(1-p)^{n-r}$

$$P(1)={}_3C_1\left(\dfrac{1}{3}\right)^1\left(\dfrac{2}{3}\right)^2=\dfrac{12}{27}$$

$$P(2)={}_3C_2\left(\dfrac{1}{3}\right)^2\left(\dfrac{2}{3}\right)^1=\dfrac{6}{27}$$

$$P(3)=\left(\dfrac{1}{3}\right)^3=\dfrac{1}{27}$$

よって，赤球の出る回数の期待値 E は

$$E=0\times\dfrac{8}{27}+1\times\dfrac{12}{27}+2\times\dfrac{6}{27}+3\times\dfrac{1}{27}$$

$$=\boxed{1}\quad（回）$$

X	0	1	2	3	計
P	$\dfrac{8}{27}$	$\dfrac{12}{27}$	$\dfrac{6}{27}$	$\dfrac{1}{27}$	1

解法のアシスト

期待値 ➡ $E=x_1p_1+x_2p_2+\cdots+x_np_n$
（$p_1+p_2+\cdots+p_n=1$ は有効に利用する）

X	x_1	x_2	$\cdots$	x_n	計
P	p_1	p_2	$\cdots$	p_n	1

☐ **練習 62** (1) 右の表のような賞金がついている総数 100 本の
くじがある。このくじを 1 本引いたときの賞金の期待値は
$\boxed{}$（円）である。

	1等	2等	3等
賞金(円)	10000	1000	100
本数(本)	1	9	90

(2) 1 枚の硬貨を 6 回投げて，表の出た回数によって，右の表
のように点数がもらえるゲームがある。表の出る回数を X，
そのときの確率を $P(X)$ とすると，

X(回)	6	5	4	3〜0
点数	150	50	20	5

$P(6)=\boxed{}$，$P(5)=\boxed{}$，$P(4)=\boxed{}$ であり，

このゲームでもらえる点数の期待値は $\boxed{}$（点）である。

数学A 2 図形の性質

例題 63 内心・外心・重心・垂心

次の(1)〜(4)について，x，y の値を求めよ。ただし，(3)では BC＝10，AD＝9 である。

(1)
（I は内心）

(2)
（O は外心）

(3)
（G は重心）

(4)
（H は垂心）

解

(1) $\angle IBC＝32°$，$\angle ICB＝30°$

$x＝180°-(32°+30°)＝\mathbf{118°}$

$y＝180°-(64°+60°)＝\mathbf{56°}$

◯ 内心は頂角の二等分線

(2) OA＝OB＝OC だから

△OAB，△OBC，△OCA は二等辺三角形

よって，$x＝35°+30°＝\mathbf{65°}$

$2y＝180°-(70°+60°)＝50°$

よって，$y＝\mathbf{25°}$

◯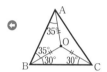

(3) BD：DC＝1：1 だから　$x＝\mathbf{5}$

AG：GD＝2：1 だから　$y＝9×\dfrac{2}{3}＝\mathbf{6}$

◯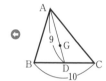

(4) H が垂心のとき，右図のように

BD⊥AC，CE⊥AB だから

$x＝180°-(90°+60°)＝\mathbf{30°}$

$y＝90°+x＝90°+30°＝\mathbf{120°}$

◯

解法のアシスト

内心　　　外心　　　重心　　　垂心　

練習 63　次の(1)〜(4)について，x，y の値を求めよ。

(1)
（I は内心）

(2)
（O は外心）

(3)
（G は重心）

(4)
（H は垂心）

例題 64 三角形の角の二等分線と対辺の比

AB＝10，BC＝9，AC＝5 の △ABC において，AD が
∠A の二等分線であるとき，BD＝□ である。

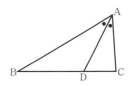

解 BD：DC＝AB：AC

$$＝10：5＝2：1 \text{ より}$$

$$BD＝\frac{2}{2+1}BC＝\frac{2}{3}×9＝\boxed{6}$$

解法のアシスト

三角形の角の二等分線と比

BD：DC＝AB：AC

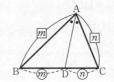

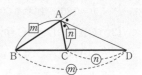

☐ **練習 64** AB＝2，BC＝7，AC＝6 の △ABC において，
右の図のように点 D，E をとるとき，
BD＝□，BE＝□ である。

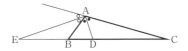

例題 65 円と接線

右の図の △ABC において，AB＝5，BC＝8，AC＝7 とす
る。円が点 P，Q，R で △ABC に内接しているとき，
BP＝□ である。

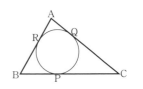

解 BP＝x とすると，

BR＝BP＝x，AR＝AQ＝$5-x$，CP＝CQ＝$8-x$

AC＝AQ＋CQ＝$5-x+8-x＝13-2x$

AC＝7 であるから

$7＝13-2x$　よって，$x＝\boxed{3}$

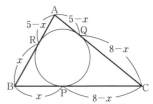

解法のアシスト

円と接線 ➡ **PA＝PB（接線の長さは等しい）**

OA⊥PA，OB⊥PB

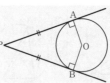

☐ **練習 65** 右の図の △ABC において，AB＝1，BC＝2，AC＝$\sqrt{3}$ で
ある。△ABC に内接している円の半径は□である。

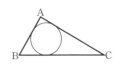

例題 66 チェバの定理

右図で，AF：FB＝5：3，AE：EC＝2：3 とする。
BD：DC＝ ☐ ： ☐ である。

解 △ABC でチェバの定理より

$$\frac{AF}{FB}\cdot\frac{BD}{DC}\cdot\frac{CE}{EA}=\frac{5}{3}\cdot\frac{BD}{DC}\cdot\frac{3}{2}=1$$

であるから　$\dfrac{BD}{DC}=\dfrac{2}{5}$

よって，BD：DC＝ ☐2☐ ： ☐5☐

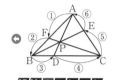

解法のアシスト

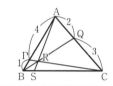

$$\frac{AF}{FB}\nearrow\frac{BD}{DC}\nearrow\frac{CE}{EA}=1 \quad \boxed{\text{チェバの定理}}$$

（グルッと1周）

①〜⑥のどこからスタートしてもよい

☐ **練習 66**　右図で，AP：PB＝4：1，AQ：QC＝2：3 とする。
BS：SC＝ ☐ ： ☐，△BRS：△CRS＝ ☐ ： ☐
である。

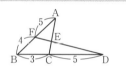

例題 67 メネラウスの定理

右図で，AF：FB＝5：4，BC：CD＝3：5 とする。
AE：EC＝ ☐ ： ☐ である。

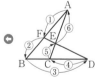

解 △ABC と DF でメネラウスの定理より

$$\frac{AF}{FB}\cdot\frac{BD}{DC}\cdot\frac{CE}{EA}=\frac{5}{4}\cdot\frac{8}{5}\cdot\frac{CE}{EA}=1$$

であるから　$\dfrac{CE}{EA}=\dfrac{1}{2}$

よって，AE：EC＝ ☐2☐ ： ☐1☐

解法のアシスト

$$\frac{AF}{FB}\nearrow\frac{BD}{DC}\nearrow\frac{CE}{EA}=1 \quad \boxed{\text{メネラウスの定理}}$$

（1か所跳んで1周）

①〜⑥のどこからスタートしてもよい

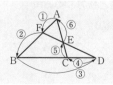

☐ **練習 67**　右図で，BD：DC＝ ☐ ： ☐，
AP：PD＝ ☐ ： ☐，△ABC：△BPC＝ ☐ ： ☐ である。

例題 **68** 2円の関係

右図で，2円AとBが交わるためには，Aの半径 r の範囲は $\boxed{} < r < \boxed{}$ である。

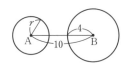

解 2円が外接するとき $r+4=10$ より $r=6$

2円が内接するとき $r-4=10$ より $r=14$

よって，$\boxed{6} < r < \boxed{14}$

解法のアシスト

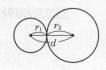 2円の外接 $r_1+r_2=d$

 2円の内接 $r_2-r_1=d$

□ **練習 68** 右図で，円Aと円Bが交わるのは x の範囲が $\boxed{} < x < \boxed{}$ のときであり，$x=12$ のとき $y=\boxed{}$ である。

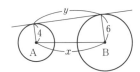

例題 **69** 円に内接する四角形，接線と弦のつくる角

右図の x，y の値を求めよ。

ただし，BTは円Oの接線とする。

(1)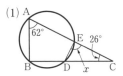

(2)

解 (1) 四角形ABDEが円に内接するので $\angle CDE=62°$

△EDCにおいて $x=180°-(62°+26°)=\mathbf{92°}$

(2) BTは接線なので，$x=y$

円周角と中心角の関係より $2y=110°$

よって，$x=y=\mathbf{55°}$

解法のアシスト

 円に内接する四角形

$\angle A=\angle DCE$

$\angle A+\angle C=180°$

 接線と弦のつくる角

$\angle APB=\angle BAT$

□ **練習 69** 右図の x，y の値を求めよ。

ただし，l は円の接線とする。

(1)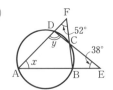

(2)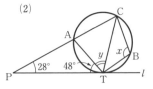

例題 70 方べきの定理

右の図において，PT は円 O の接線とする。
PA＝4，PC＝6，CD＝2 のとき　PT＝□，PB＝□，
円 O の半径 r は $r=$□，中心 O から線分 PD までの距離
は□である。

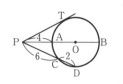

解 方べきの定理より

$PT^2＝PC\cdot PD＝6\cdot 8＝48$

PT＞0 より，$PT＝\sqrt{48}＝\boxed{4\sqrt{3}}$

また，$PA\cdot PB＝PC\cdot PD$ より

$4\cdot PB＝48$　よって，$PB＝\boxed{12}$

AB＝12－4＝8　だから，円 O の半径は

$r＝\dfrac{1}{2}AB＝\boxed{4}$

中心 O から線分 CD に下ろした垂線の足を H とすると，
OH は CD の垂直二等分線なので

CH＝1

△OCH に三平方の定理をあてはめて

$OC^2＝OH^2＋CH^2$

$4^2＝OH^2＋1^2$　OH＞0 より，$OH＝\boxed{\sqrt{15}}$

接線
割線
円の接線と割線がでてきたら
方べきの定理を考える。

A
2
図形の性質

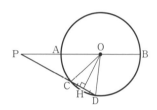

解法のアシスト

方べきの
定理　➡

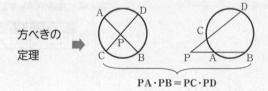

$\mathbf{PA\cdot PB＝PC\cdot PD}$

$\mathbf{PA\cdot PB＝PT^2}$

☐ **練習 70** (1)　次の(ア)〜(ウ)について，x の値を求めよ。ただし，O は円の中心，T は円との接点である。

(ア)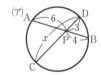

(イ)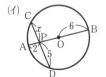

(ウ)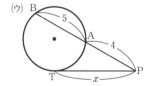

(2)　右図で AD は ∠BAC の二等分線，P は △ACD の外接円と辺 AB
との交点，Q は △ABD の外接円と辺 AC との交点である。AB＝12，
BC＝10，CA＝8 のとき

BD＝□，CD＝□，BP＝□，CQ＝□
である。

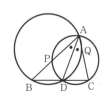

2nd *Step* セカンドステップ

数学 I 1 数と式

1

解答編 p.22 時間 7分

実数 x についての不等式

$|x+6| \leq 2$ の解は $\boxed{アイ} \leq x \leq \boxed{ウエ}$ である。

よって，実数 a, b, c, d が

$|(1-\sqrt{3})(a-b)(c-d)+6| \leq 2$

を満たしているとき，$1-\sqrt{3}$ は負であることに注意すると，$(a-b)(c-d)$ のとり得る値の範囲は

$\boxed{オ} + \boxed{カ}\sqrt{3} \leq (a-b)(c-d) \leq \boxed{キ} + \boxed{ク}\sqrt{3}$

であることがわかる。特に

$(a-b)(c-d) = \boxed{キ} + \boxed{ク}\sqrt{3}$ ……①

であるとき，さらに

$(a-c)(b-d) = -3+\sqrt{3}$ ……②

が成り立つならば

$(a-d)(c-b) = \boxed{ケ} + \boxed{コ}\sqrt{3}$ ……③

であることが，等式①，②，③の左辺を展開して比較することによりわかる。

(2023 年 共通テスト本試験)

2

解答編 p.22 時間 7分

実数 a, b, c が

$a+b+c=1$ ……① および $a^2+b^2+c^2=13$ ……②

を満たしているとする。

$(a+b+c)^2$ を展開した式において，①と②を用いると

$ab+bc+ca = \boxed{アイ}$

であることがわかる。よって

$(a-b)^2+(b-c)^2+(c-a)^2 = \boxed{ウエ}$ である。

次に，$a-b=2\sqrt{5}$ の場合に，$(a-b)(b-c)(c-a)$ の値を求めてみよう。

$b-c=x$, $c-a=y$ とおくと

$x+y = \boxed{オカ}\sqrt{5}$

である。また，(1)の計算から

$x^2+y^2 = \boxed{キク}$

が成り立つ。これらより

$(a-b)(b-c)(c-a) = \boxed{ケ}\sqrt{5}$ である。

(2022 年 共通テスト本試験)

3

　2つの商店 A ストアと B ストアでは同じ商品 T を販売しており，大量購入による割引や，会員割引を行っている。太郎さんは，この2つの商店の価格設定を整理して，商品 T を安く購入できる方法を考えることにした。このとき，次の問いに答えよ。ただし，それぞれの価格設定や会員制度は以下の通りであり，価格はすべて消費税を含むものとする。

┌──**A ストアの価格設定**──────┐
│定価は 1000 円であり，大量購入による│
│割引はない。　　　　　　　　　　　│
└────────────────────┘

┌──**A ストアの会員制度**──────┐
│入会金 700 円を支払って会員登録をする│
│と，全商品が 20% 割引になる。　　　│
└────────────────────┘

┌──**B ストアの価格設定**──────┐
│定価は 1000 円であり，11 個以上買うと│
│11 個目からは 4 割引きとなる。　　　│
└────────────────────┘

┌──**B ストアの会員制度**──────┐
│会員制度は導入していないため，会員割│
│引もない。　　　　　　　　　　　　│
└────────────────────┘

　はじめに，A ストアにおいて商品 T を x 個買うときに，会員にならなかった場合と会員になった場合のどちらの方が安くなるかについて調べた。

(i)　会員にならなかった場合に支払う総額は $\boxed{アイウエ}\,x$（円）

　　会員になった場合に支払う総額は $\boxed{オカキ}\,x+\boxed{クケコ}$（円）　となる。

(ii)　会員になった場合の方が安く買えるのは，いくつ以上買うときか。　$\boxed{サ}$（個）

　続いて太郎さんは，A ストアで会員となって買った場合と，B ストアで買った場合のどちらが安くなるかについて調べた。

(i)　B ストアで購入した場合に支払う総額を考えるとき，10 個以下のときと 11 個以上のときとで場合分けが必要である。11 個以上のときに支払う総額は，購入する個数を x として，

　　　$\boxed{シスセ}\,x+\boxed{ソタチツ}$ と表せる。

(ii)　A ストアで会員になって買った方が支払う総額が少なくなるのは，購入する商品 T の個数が $\boxed{テ}$ のときである。

　　$\boxed{テ}$ の解答群

⓪	3 個以下または 16 個以上	①	3 個以上 16 個以下
②	4 個以下または 16 個以上	③	4 個以上 16 個以下
④	3 個以下または 17 個以上	⑤	3 個以上 17 個以下
⑥	4 個以下または 17 個以上	⑦	4 個以上 17 個以下

数学 I 2 集合と論証

解答編 p.24 ｜ 時間 10分

4

自然数 n に関する条件 p, q, r, s を次のように定め，条件 r, s の否定をそれぞれ $\bar{r}$, $\bar{s}$ で表す。

p：n は 5 で割ると 1 余る数である　　　q：n は 10 で割ると 1 余る数である

r：n は奇数である　　　　　　　　　　s：n は 2 より大きい素数である

また，自然数全体の集合を U とし，p, q, r, s を満たす自然数の集合をそれぞれ P, Q, R, S とする。このとき，次の問いに答えよ。

(1) 「p かつ s」を満たす最小の自然数は $\boxed{\text{アイ}}$ である。

(2) p は q であるための $\boxed{\text{ウ}}$。

  $\bar{r}$ は $\bar{s}$ であるための $\boxed{\text{エ}}$。

  「p かつ r」は q であるための $\boxed{\text{オ}}$。

  「p かつ s」は「q かつ s」であるための $\boxed{\text{カ}}$。

  $\boxed{\text{ウ}}$ ～ $\boxed{\text{カ}}$ の解答群（同じものを繰り返し選んでもよい。）

⓪ 必要十分条件である		① 必要条件であるが，十分条件ではない
② 十分条件であるが，必要条件ではない		③ 必要条件でも十分条件でもない

(3) 3 つの集合 P, R, S の関係を表す図は $\boxed{\text{キ}}$ である。

  $\boxed{\text{キ}}$ については，最も適当なものを，次の ⓪ ～ ③ のうちから一つ選べ。

⓪　　　　　　　　　　　　　　①

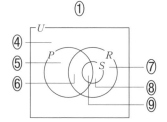

②　　　　　　　　　　　　　　③

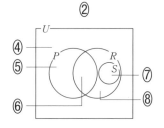
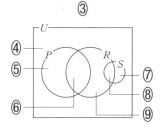

(4) (3)で選んだ図の中で集合 Q に含まれる部分は $\boxed{\text{ク}}$ と $\boxed{\text{ケ}}$ である。

  $\boxed{\text{ク}}$，$\boxed{\text{ケ}}$ については，当てはまるものを，(3)の ④ ～ ⑨ のうちから一つずつ選べ。

（2010 年　センター試験本試験改）

5

解答編 p.25　時間 10分

以下の3つの問題は，式の計算や集合と論証についてのものである。

2
集合と論証

(1) 整式 $P=2x^2-3xy-2y^2-7x-y+3$ について，次の問いに答えよ。

(i) P を因数分解したら $P=AB$ となった。このとき，$A=\boxed{\text{ア}}$，$B=\boxed{\text{イ}}$ である。
$\boxed{\text{ア}}$，$\boxed{\text{イ}}$ の解答群（解答の順序は問わない。）

⓪　$x+y+1$	①　$x+2y+3$	②　$x-y-1$	③　$x-2y-3$
④　$2x+y-1$	⑤　$2x-y-1$	⑥　$2x+y+3$	⑦　$2x-y-3$

(ii) (i)のA，B について，$A=0$ かつ $B=0$ となるとき，$x=\boxed{\text{ウ}}$，$y=\boxed{\text{エオ}}$ である。

(iii) $x=1-\sqrt{5}$，$y=-1+\sqrt{5}$ のとき，$P=\boxed{\text{カキ}}$ である。

(2) $x=\dfrac{4}{3-\sqrt{5}}$，$y=\dfrac{4}{3+\sqrt{5}}$ のとき，次の問いに答えよ。

(i) $x+y=\boxed{\text{ク}}$，$xy=\boxed{\text{ケ}}$，$x^2+y^2=\boxed{\text{コサ}}$ である。

(ii) $(\sqrt{x}-\sqrt{y})^2=\boxed{\text{A}}$，$\sqrt{x}-\sqrt{y}=\boxed{\text{B}}$ である。$\boxed{\text{A}}$，$\boxed{\text{B}}$ の組合せとして
適当なものは $\boxed{\text{シ}}$ である。

$\boxed{\text{シ}}$ の解答群

⓪　A：2　　B：$\sqrt{2}$	①　A：2　　B：$-\sqrt{2}$
②　A：6　　B：$\sqrt{6}$	③　A：6　　B：$-\sqrt{6}$

(iii) (ii)に関連して，a，b，c を実数とするとき一般に，$(a-b)^2=c^2$ であることは
$a-b=c$ であるための $\boxed{\text{ス}}$。

$\boxed{\text{ス}}$ の解答群

⓪　必要十分条件である	①　必要条件であるが，十分条件ではない
②　十分条件であるが，必要条件ではない	③　必要条件でも十分条件でもない

(3) x，y を実数とするとき，命題「$x+y$，xy がともに有理数 $\Longrightarrow x$，y がともに有理数」
について，この命題の対偶は $\boxed{\text{セ}}$ であり，これは偽である。

$\boxed{\text{セ}}$ の解答群

⓪　x，y がともに有理数 $\Longrightarrow x+y$，xy がともに有理数
①　x，y がともに無理数 $\Longrightarrow x+y$，xy がともに無理数
②　x または y が無理数 $\Longrightarrow x+y$ または xy が無理数
③　x または y が有理数 $\Longrightarrow x+y$ または xy が有理数

数学I 3 2次関数

6

解答編 p.26　時間 8分

　ある商店では，商品Aが1個100円で販売されている。店員の太郎さんと花子さんは，1日あたりの売り上げ金額を増やすため，話し合っている。会話を読んで，下の問いに答えよ。

> 花子：商品Aは，人気は上がっていて，今は1日あたり500個売れています。
> 太郎：これまでの価格改定のときのデータから，1個1円値上げすると1日3個売り上げ個数が減ることがわかっています。
> 花子：それなら，いくら値上げすれば売り上げ金額を最大にできるか考えられますね。
> 太郎：そうですね。ただし，人気商品なので，1日200個以上売れるように考えましょう。

(1)　商品Aの値上げ額を x 円，1日の売り上げ金額を y 円として関数を考えてみよう。

　　x を用いると，商品の売価は $\boxed{ア}$ 円，1日の売り上げ個数は $\boxed{イ}$ 個と表せるから，x と y の関係は次の2次関数で表される。

$$y = -\boxed{ウ}x^2 + \boxed{エオカ}x + \boxed{キクケコサ} \quad \cdots\cdots ①$$

　　このとき，x のとりうる値の範囲は $\boxed{シ}$ である。

$\boxed{ア}$，$\boxed{イ}$ の解答群

⓪　$100+x$	①　$100+3x$	②　$100-x$	③　$100-3x$
④　$500+x$	⑤　$500+3x$	⑥　$500-x$	⑦　$500-3x$

$\boxed{シ}$ の解答群

⓪　$0 \leqq x \leqq 100$	①　$0 \leqq x \leqq 166$	②　$100 \leqq x \leqq 166$	③　$200 \leqq x \leqq 500$

(2)　(1)の①の関数で y が最大値をとるときの x の値は $\dfrac{\boxed{スセソ}}{\boxed{タ}}$ であるが，金額について考えているため，自然数の範囲で考えることとする。

　　このとき，$n \leqq \dfrac{\boxed{スセソ}}{\boxed{タ}} \leqq n+1$ を満たす自然数 n を求めて，値上げ額が n 円，$(n+1)$ 円のどちらのときに売り上げ金額が最大になるかを考えればよく，関数①のグラフをかくと，$\boxed{チ}$ に凸のグラフになるから，グラフの軸から $\boxed{ツ}$ ほど y 座標が大きくなる。

　　よって，値上げ額が $\boxed{テト}$ 円のとき，1日の売り上げ金額は最大になる。

$\boxed{チ}$ の解答群

⓪　上	①　下

$\boxed{ツ}$ の解答群

⓪　近い	①　遠い

7

2次関数 $y = ax^2 - bx - a + b$ について，グラフ表示ソフトを用いて考察する。

このソフトでは，図1の画面上の $\boxed{A}$，$\boxed{B}$ にそれぞれ a，b の値を入力すると，それに応じたグラフが表示される。さらに，$\boxed{C}$，$\boxed{D}$ に値を入力し，実行ボタンを押すと，その値の分だけ x 軸，y 軸方向に平行移動する。また，「原点」，「x 軸」，「y 軸」のボタンを押すと，選択したものに関して対称移動する。このとき，次の問いに答えよ。

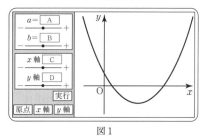

図1

(1) 図1のグラフは点 $(-2, 6)$ を通っていた。このとき，頂点の座標を a を用いて表すと $\left(\dfrac{-a + \boxed{ア}}{\boxed{イ}\,a},\ \dfrac{-(\boxed{ウ}\,a - \boxed{エ})^2}{\boxed{オ}\,a} \right)$ となる。

(2) 図1のグラフは頂点の y 座標が -2 であった。このことから，$a = \boxed{カ}$，$\boxed{キ}$ となる。また，グラフの位置を考えると，a の値として適当なのは $\boxed{カ}$ だとわかる。

$\boxed{カ}$，$\boxed{キ}$ の解答群

⓪ 2　　① $-\dfrac{9}{2}$　　② $\dfrac{2}{9}$　　③ $\dfrac{9}{2}$　　④ -2　　⑤ $-\dfrac{2}{9}$

(3) 図2のグラフは，図1に表示されたグラフに関して，$\boxed{C}$，$\boxed{D}$ のうち一つを用いた平行移動の操作と，「原点」，「x 軸」，「y 軸」のうち一つを用いた対称移動の操作を一度ずつ行ったものである。頂点の x 座標は，図1のグラフのときと同じで，y 座標は 6 であった。

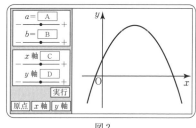

図2

このグラフは，もとのグラフを $\boxed{ク}$ に関して対称移動したあとで $\boxed{ケ}$ 方向に $\boxed{コ}$ 平行移動するか，$\boxed{サ}$ 方向に $\boxed{シス}$ 平行移動したあとで $\boxed{セ}$ に関して対称移動することで得られる。よって，この関数は

$$y = -\frac{\boxed{ソ}}{\boxed{タ}}x^2 + \frac{\boxed{チツ}}{\boxed{テ}}x + \frac{\boxed{トナ}}{\boxed{ニ}} \quad \cdots\cdots ① \quad と表せる。$$

$\boxed{ク}$，$\boxed{ケ}$，$\boxed{サ}$，$\boxed{セ}$ の解答群（同じものを繰り返し選んでもよい。）

⓪ x 軸　　　　　　① y 軸　　　　　　② 原点

(4) $0 \leqq x \leqq t$ のとき，(3)の①の最小値が $\dfrac{\boxed{トナ}}{\boxed{ニ}}$ より小さくなるのは $\boxed{ヌ}$ のときである。

$\boxed{ヌ}$ の解答群

⓪ $t > 8$　　① $t < 8$　　② $t \leqq 8$　　③ $t > 4$　　④ $t < 4$　　⑤ $t \leqq 4$

8

　右の図のような座標平面上にある点 P, Q は，それぞれ点 A(−10, 10), B(−2, −12) から同時に出発し，一定の速さで動く。

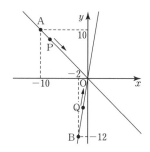

　点 P は，直線 $y=-x$ 上を x 座標が 1 秒あたり 2 増加するように一定の速さで動き，原点 O に到達したところで止まる。点 Q は，直線 $y=6x$ 上を x 座標が 1 秒あたり 1 増加するように一定の速さで動く。

　このとき，次の問いに答えよ。ただし，出発後の経過時間を t（秒）とする。

(1)　点 P が O に到着するのは，$t=\boxed{\text{ア}}$ のときである。

(2)　以下，$0<t<\boxed{\text{ア}}$ の範囲で考える。

　　点 P, Q と x 座標が等しい x 軸上の点をそれぞれ P′, Q′ とする。OP′ と OQ′ の距離の和を L とすると，L は絶対値記号を用いて

$$L=\left|\,\boxed{\text{イ}}\,t-\boxed{\text{ウエ}}\,\right|+\left|\,t-\boxed{\text{オ}}\,\right| \quad \text{と表せる。}$$

　$\boxed{\text{イ}}$ ～ $\boxed{\text{オ}}$ に当てはまる数を答えよ。

(3)　ここで，△OPP′ と △OQQ′ の面積の和を S とすると，

$$S=\frac{1}{2}\times\boxed{\text{C}}\times\boxed{\text{D}}+\frac{1}{2}\times\boxed{\text{E}}\times\boxed{\text{F}}$$
$$=5t^2-32t+62$$

となる。

　$\boxed{\text{C}}$ ～ $\boxed{\text{F}}$ には，△OPP′ と △OQQ′ の辺の長さが入る。その組合せとして適当なものは $\boxed{\text{カ}}$ である。

　$\boxed{\text{カ}}$ の解答群

⓪	C : OP	D : PP′	E : OQ	F : QQ′
①	C : OP	D : OP′	E : OQ	F : OQ′
②	C : OP′	D : PP′	E : OQ′	F : QQ′

(4)　$0<t<\boxed{\text{ア}}$ において，S は $t=\dfrac{\boxed{\text{キク}}}{\boxed{\text{ケ}}}$ で最小値 $\dfrac{\boxed{\text{コサ}}}{\boxed{\text{シ}}}$ をとる。

(5)　a を $0<a<\boxed{\text{ア}}-1$ を満たす定数として，$a\leqq t\leqq a+1$ における最大，最小について考えると，S が $t=\dfrac{\boxed{\text{キク}}}{\boxed{\text{ケ}}}$ で最小となるような a の値の範囲は $\dfrac{\boxed{\text{スセ}}}{\boxed{\text{ソ}}}\leqq a\leqq\dfrac{\boxed{\text{タチ}}}{\boxed{\text{ツ}}}$ であり，$t=a$ で最大となるような a の値の範囲は $0<a\leqq\dfrac{\boxed{\text{テト}}}{\boxed{\text{ナニ}}}$ である。

9

解答編 p.29　時間 10分

2次関数 $y＝x^2－2ax＋a^2＋b$ ……① について考える。

(1) a, b にいろいろな値を代入し，そのグラフをかいたときの概形を調べた。

①のグラフの概形として適切なものは

$a＞0$, $b＞0$ のとき ア ，

$a＜0$, $b＞0$ のとき イ ，

$a＞0$, $b＜0$ のとき ウ ， エ である。

また，$a^2＞|b|$ のとき，①のグラフとして適さないのは オ ， カ である。

ア ～ カ については，最も適当なものを，次の⓪～⑤のうちから一つずつ選べ。

ただし， ウ と エ ， オ と カ についてはそれぞれ解答の順序を問わない。

⓪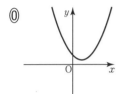　①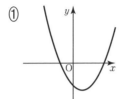　②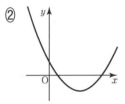

③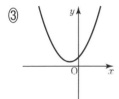　④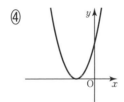　⑤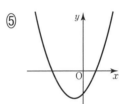

(2) $a＝1$, $b＝2$ とする。関数の定義域が $－t≦x≦2t$ $(t＞0)$ のとき，y の最大値を M，最小値を m として，それらの差 $M－m$ を t で表すことを考える。

(i) $M－m$ は，$0＜t＜\dfrac{キ}{ク}$ のとき，$M－m＝－ ケ t^2＋ コ t$

$\dfrac{キ}{ク}≦t＜ サ$ のとき，$M－m＝t^2＋ シ t＋ ス$

$サ ≦t$ のとき，$M－m＝ セ t^2－ ソ t＋ タ$ となる。

(ii) $M－m＝5$ となるのは，$t＝ チ$ のときである。

チ の解答群

⓪ $\sqrt{5}－1$　　① $\sqrt{5}＋1$　　② $\dfrac{\sqrt{5}＋1}{2}$　　③ $\dfrac{\sqrt{5}－1}{2}$

数学 I　4　図形と計量

10

解答編 p.31 ／ 時間 8分

図1のような，2つの三角定規を組み合わせた図形について考えてみよう。

(1)　△ABD と △ACD の3辺の比が

　　　AB : BD : DA = ア

　　　AC : CD : DA = イ

であるから，△ABC の辺の比は

　　　AB : BC : CA = ウ

となる。

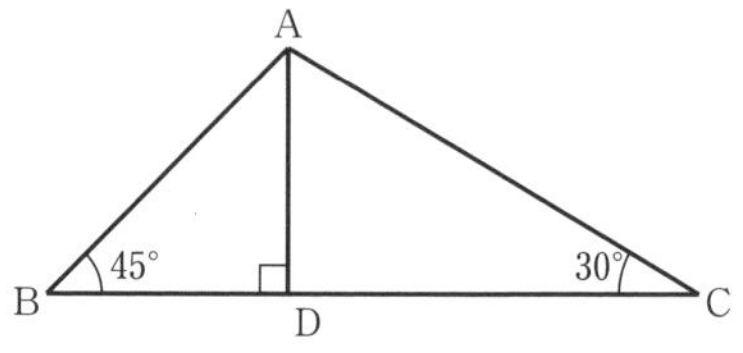

　　また，∠BAC の大きさは エ である。

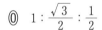

図1

 ア ， イ の解答群（同じものを繰り返し選んでもよい。）

⓪　$1 : \dfrac{\sqrt{3}}{2} : \dfrac{1}{2}$	①　$\sqrt{6} : \sqrt{2} : \sqrt{2}$
②　$(\sqrt{2}+1) : (\sqrt{2}-1) : (\sqrt{2}-1)$	③　$2\sqrt{3} : \sqrt{3} : 3$
④　$\dfrac{\sqrt{6}-\sqrt{2}}{2} : \dfrac{\sqrt{3}-1}{2} : \dfrac{\sqrt{3}-1}{2}$	⑤　$(2\sqrt{2}+1) : (\sqrt{2}+1) : (\sqrt{3}+1)$

 ウ の解答群

⓪　$\sqrt{2} : (1+\sqrt{3}) : 2$	①　$\sqrt{2} : (1+\sqrt{2}) : \sqrt{3}$
②　$1 : (1+\sqrt{3}) : 2$	③　$1 : (1+\sqrt{2}) : 3$

 エ の解答群

⓪　$90°$	①　$105°$	②　$120°$	③　$135°$

(2)　△ABC に余弦定理を用いると

$$\cos\angle BAC = \frac{\sqrt{\boxed{オ}}-\sqrt{\boxed{カ}}}{\boxed{キ}}$$

とわかる。

(3)　$\cos\angle BAC$ と同じ値になるものは ク ， ケ ， コ である。

 ク ， ケ ， コ の解答群（解答の順序は問わない。）

⓪　$\sin 15°$	①　$-\sin 15°$	②　$-\sin 75°$	③　$\sin 165°$	④　$-\sin 165°$
⑤　$-\cos 15°$	⑥　$\cos 75°$	⑦　$-\cos 75°$	⑧　$\cos 165°$	⑨　$-\cos 165°$

11

解答編 p.32　時間 8分

太郎さんは，自宅の近所にあるビルの高さを測ろうと考えた。

図1のように，A，B，Cの3地点からビルの屋上にあるP点を見上げると，そのときの見上げる角度がA地点で45°，B地点で60°，C地点で60°となった。

4点A，B，C，Qは同一平面上にあり，3点A，B，Cは一直線上にある。また，B地点はA地点から50 m，C地点はさらに50 m離れていて，∠AQP＝∠BQP＝∠CQP＝90°である。

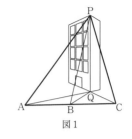
図1

(1) 太郎さんはここで，過去に授業で習った平面上の三角形に関する問題を思い出した。

問題　図2のような，DE＝6，DF＝4，EG＝3，FG＝2である△DEFにおいて，DGの長さを求めよ。

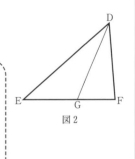
図2

- 解答 -

DG＝a，∠DGE＝t として，△DEGに ア を用いると

$$a^2 - \boxed{イ}\,a\cos t - \boxed{ウエ} = 0 \quad \cdots\cdots ①$$

が得られる。同様に，△DFGに ア を用いると

$$a^2 + \boxed{オ}\,a\cos t - \boxed{カキ} = 0 \quad \cdots\cdots ②$$

が得られる。①，②から，$a = \boxed{ク}\sqrt{\boxed{ケ}}$ である。

ア の解答群

⓪　正弦定理　　①　余弦定理　　②　三平方の定理　　③　中線定理

(2) 太郎さんは，上の問題の考え方を生かして，ビルの高さを求めることにした。

PQ＝x [m]，∠ABQ＝θ として，△ABQに ア を用いると

$$\frac{\boxed{コ}}{\boxed{サ}}x^2 + \frac{100\sqrt{\boxed{シ}}}{3}x\cos\theta - 2500 = 0 \quad \cdots\cdots ③$$

が得られる。同様に，△ ス に ア を用いると

$$-\frac{100\sqrt{3}}{3}x\cos(180°-\theta) + 2500 = 0 \quad \cdots\cdots ④$$

が得られる。③，④から，$x = \boxed{セソ}\sqrt{\boxed{タ}}$ である。

ス の解答群

⓪　ABQ　　①　ACQ　　②　BCQ　　③　APQ　　④　BPQ　　⑤　CPQ

12

解答編 p.33　時間 10分

右の図の △ABC において，AB＝5，BC＝3，∠ABC＝120°
とする。また，点 P を辺 AC に関して点 B と反対側にとり，
AP＝a，CP＝b とする。

このとき，次の問いに答えよ。

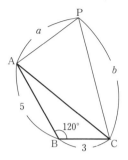

(1) AC＝ ア である。また，△ABC の外接円の半径は

$\dfrac{イ \sqrt{ウ}}{エ}$ である。

(2) 点 P が △ABC の外接円上にあるとき，四角形ABCPの面積が最大になるのは
a＝ オ ，b＝ カ のときであり，そのときの面積は キク $\sqrt{ケ}$ である。

(3) b＝3 とする。点 P が △ABC の外接円の内部にあるときの a の値の範囲は コ であ
り，外部にあるときの a の値の範囲は サ である。

コ ， サ の解答群

⓪ $0<a<4$	① $0<a<5$	② $0<a<8$	③ $4<a<8$
④ $4<a<10$	⑤ $8<a<10$	⑥ $8<a$	⑦ $10<a$

(4) ∠APC＞60° であることは，点 P が △ABC の外接円の内部にあるための シ 。

シ の解答群

⓪ 必要十分条件である	① 必要条件であるが，十分条件ではない
② 十分条件であるが，必要条件ではない	③ 必要条件でも十分条件でもない

(5) △ACP において，$\sin\angle APC \cos\angle PAC=\sin\angle PCA$ が成り立つとき，△ACP は
ス を満たす セ である。

ス の解答群

⓪ ∠PAC＝90°	① ∠APC＝90°	② ∠PCA＝90°	③ AC＝AP
④ PA＝PC	⑤ CA＝CP	⑥ AC＝CP＝PA	

セ の解答群

⓪ 二等辺三角形	① 直角三角形
② 直角二等辺三角形	③ 正三角形

13

太郎さんと花子さんのクラスでは，文献を参照しながら円周率について，班ごとにポスターにまとめる課題が出された。p. 112 の**＜三角比の表＞**を見ながら，次の問いに答えよ。

太郎：円周率 π を用いて半径 1 の円の円周の長さを表すと ［ ア ］π になるよ。

花子：このことから，円周率は円の直径と円周の比率を表していることがわかるね。

太郎：この本には，古代エジプトでは「円の直径からその $\dfrac{1}{9}$ 倍を引いた長さを 1 辺とする正方形の面積と，元の円の面積が等しい」としていたとかいてあるよ。

花子：この考え方を半径 1 の円に使って円周率を計算して小数第 3 位を切り捨てると ［ イ ］．［ ウエ ］になるね。

太郎：これは僕たちの知っている 3.14 よりも少し大きい値だね。

花子：そうだね。では私たちは円周率の求め方についてまとめてみよう。

---- ＜2人の班のポスター＞ ---------------------------------

円周率の大きさを，半径 1 の円と，それに内接，外接する正 12 角形の関係から考える。図 1 は円と内接正 12 角形，図 2 は円と外接正 12 角形の一部である。

まず，図に示された角 θ の大きさを求めると，［ オカ ］° となる。

次に，図 1 について，正 12 角形の 1 辺の長さを角 θ を使って表すと ［ キ ］となる。

三角比の表を利用してこの内接正 12 角形の周の長さを求め，小数第 4 位を切り捨てると，［ ク ］．［ ケコサ ］となる。

円の円周の長さは，円に内接する正 12 角形の周の長さより大きいから，円周率は ［ シ ］より大きいとわかる。

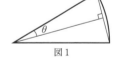
図1

続いて，図 2 について，正 12 角形の 1 辺の長さを角 θ を使って表すと ［ ス ］となる。

三角比の表を利用してこの外接正 12 角形の面積を求め，小数第 4 位を切り上げると，［ セ ］．［ ソタチ ］となる。

円の面積は，円に外接する正 12 角形の面積より小さいから，円周率は ［ ツ ］より小さいとわかる。

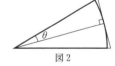
図2

［ シ ］，［ ツ ］の解答群

| ⓪ 3.10 | ① 3.11 | ② 3.21 | ③ 3.22 |

［ キ ］，［ ス ］の解答群

| ⓪ $2\sin\theta$ | ① $\sin 2\theta$ | ② $2\cos\theta$ | ③ $\cos 2\theta$ |
| ④ $2\tan\theta$ | ⑤ $\tan 2\theta$ | | |

数学 I　5　データの分析

解答編 p.36　時間 8分

14

　J高校では，50人の生徒を対象に100点満点のテストA，Bを行った。図1は，職員会議の資料とするため，テストの結果を箱ひげ図にまとめたものである。

　このとき，次の問いに答えよ。

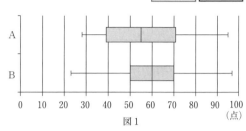

図 1

(1)　図1から必ず読み取れるものは，次の⓪〜⑥のうち $\boxed{ア}$，$\boxed{イ}$，$\boxed{ウ}$ である。

　　$\boxed{ア}$ 〜 $\boxed{ウ}$ の解答群（解答の順序は問わない。）

⓪　テストAの方が，得点の範囲が大きい。

①　四分位範囲はテストAの方が大きいが，四分位偏差はテストBの方が大きい。

②　80点をとった生徒は，テストA，Bの両方で少なくとも1人はいる。

③　40点以下をとった生徒の人数は，テストAの方が多い。

④　テストAで40点以上70点以下をとった生徒は，24人以下である。

⑤　70点以上をとった生徒の人数は，テストA，Bで同じ人数ではない。

⑥　30点以下をとった生徒は，テストA，Bのどちらにも少なくとも1人はいる。

---

(2)　会議の資料には，テストAのデータを用いて作成したヒストグラムも掲載していたが，不具合により，50点以上60点未満の階級を表す部分が消えてしまった。

　(i)　資料として掲載されていたヒストグラムは $\boxed{エ}$ である。

　　　$\boxed{エ}$ については，最も適当なものを，下の⓪〜③のうちから一つ選べ。

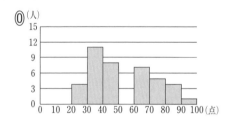

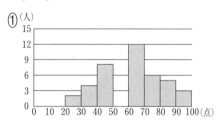

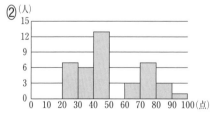

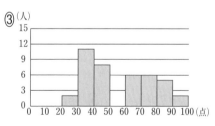

　(ii)　(i)で選んだヒストグラムにおいて，50点以上60点未満の階級の度数は $\boxed{オカ}$ である。

⑮

解答編　時間
p.36　12分

ある化学の授業で，出席者 10 人を対象に 10 点満点のテスト A，B を行った。

(1) 下の表は，テスト A，B の結果をまとめたものである。

	①	②	③	④	⑤	⑥	⑦	⑧	⑨	⑩	中央値	最頻値		平均値
A	6	4	4	8	2	3	9	7	3	4	ア	イ		ウ
B	4	4	3	6	3	5	9	6	4	6	エ	オ	, カ	キ

（単位：点）

この表から，テスト A，B を比べると， ク ことが読み取れる。

ア ～ キ の解答群

（同じものを繰り返し選んでもよく， オ と カ については解答の順序を問わない。）

⓪ 2	① 3	② 3.5	③ 4	④ 4.5
⑤ 5	⑥ 5.5	⑦ 7	⑧ 6.5	⑨ 9

ク の解答群

⓪ B の方が得点の範囲が大きい　　① B の方が四分位範囲が大きい
② A の方が偏差の合計が大きい　　③ B の方が平均点以上となった人数が多い

(2) 右の図は，(1)の表にまとめたテスト A，B の得点データ
を散布図にしたものである。A，B の結果の相関係数とし
て最も近い値は ケ である。

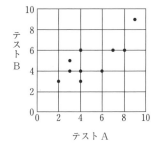

ケ の解答群

⓪ −0.9	① −0.2	② 0
③ 0.2	④ 0.8	⑤ 1.0

(3) テスト A の分散は 5 であり，テスト B の分散は コ である。
また，テスト A と B の間の共分散は サ であるから，相関係数は $\dfrac{\sqrt{\boxed{シス}}}{\boxed{セ}}$ である。

(4) テスト当日に化学を履修する生徒が 1 人欠席をしていて，この生徒が後日，テスト A，
B を受験した。それに伴い，この生徒を含む 11 人のデータについて，新たに分析をするこ
ととなった。

欠席していた生徒の得点はテスト A，B ともに 5 点であった。この生徒の結果を加える
と，テスト A と B の結果の間の共分散は ソ 。

ソ の解答群

⓪ 増加する　　　　① 減少する
② 変化しない　　　③ これだけでは増加するか減少するかわからない

16
解答編 p.38   時間 12分

(1) 世界 4 都市（東京，O 市，N 市，M 市）において，2013 年の 365 日間，各日の最高気温を記録したデータについて考える。

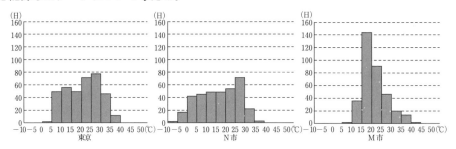

図1

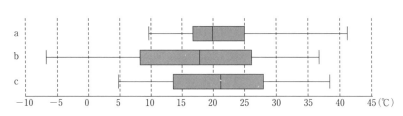

出典：『過去の気象データ』（気象庁Webページ）などにより作成

図2

図 1 のヒストグラムは，東京，N 市，M 市のデータをまとめたもので，この 3 都市の箱ひげ図は図 2 の a，b，c のいずれかである。このとき，都市名と箱ひげ図の組合せとして適当なものは ア である。

ア の解答群

⓪ 東京—a，N 市—b，M 市—c	① 東京—a，N 市—c，M 市—b
② 東京—b，N 市—a，M 市—c	③ 東京—b，N 市—c，M 市—a
④ 東京—c，N 市—a，M 市—b	⑤ 東京—c，N 市—b，M 市—a

(2) 図 3 の散布図は，東京，O 市，N 市，M 市において，2013 年の 365 日間，各日の最高気温を記録したデータをまとめたものである。それぞれ，O 市，N 市，M 市の最高気温を縦軸にとり，東京の最高気温を横軸にとってある。

これらの散布図から読み取れることとして正しいものは イ と ウ である。

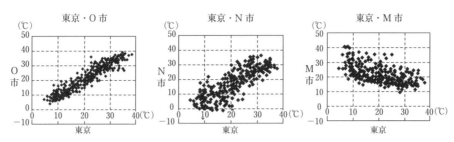

出典：『過去の気象データ』（気象庁Webページ）などにより作成

図3

イ ， ウ の解答群（解答の順序は問わない。）

⓪ 東京とN市，東京とM市の最高気温の間にはそれぞれ正の相関がある。

① 東京とN市の最高気温の間には正の相関，東京とM市の最高気温の間には負の相関がある。

② 東京とN市の最高気温の間には負の相関，東京とM市の最高気温の間には正の相関がある。

③ 東京とO市の最高気温の間の相関の方が，東京とN市の最高気温の間の相関より強い。

④ 東京とO市の最高気温の間の相関の方が，東京とN市の最高気温の間の相関より弱い。

(3) N市では温度の単位として摂氏（℃）のほかに華氏（℉）も使われている。華氏での温度は，摂氏での温度を $\dfrac{9}{5}$ 倍し，32 を加えると得られる。

したがって，N市の最高気温について，摂氏での分散を X，華氏での分散を Y とすると，$\dfrac{Y}{X}$ は エ になる。以下，いずれも最高気温について考えると，

東京（摂氏）とN市（摂氏）の共分散を Z，東京（摂氏）とN市（華氏）の共分散を W とすると，$\dfrac{W}{Z}$ は オ になる。

東京（摂氏）とN市（摂氏）の相関係数を U，東京（摂氏）とN市（華氏）の相関係数を V とすると，$\dfrac{V}{U}$ は カ になる。

エ ～ カ の解答群（同じものを繰り返し選んでもよい。）

⓪ $-\dfrac{81}{25}$　　① $-\dfrac{9}{5}$　　② -1　　③ $-\dfrac{5}{9}$　　④ $-\dfrac{25}{81}$

⑤ $\dfrac{25}{81}$　　⑥ $\dfrac{5}{9}$　　⑦ 1　　⑧ $\dfrac{9}{5}$　　⑨ $\dfrac{81}{25}$

（2016年　センター試験本試験改）

数学A　1　場合の数と確率

17

　　犬が病気 G に感染しているかどうかを判定する検査がある。この検査を行う前には，次のような説明を行うこととなっている。このとき，下の問いに答えよ。

事前説明の内容
- G は，すべての犬のうち 20 %が感染している病気です。
- 感染している犬が誤って陰性（感染していない）と判定される確率が 15 %あります。
- 感染していない犬が誤って陽性（感染している）と判定される確率が 10 %あります。

(1)　1 匹の犬がこの検査を受けて陽性と判定される事象を E とすると，事象 E は 2 つの排反な事象 ア ， イ の和事象であるから，事象 E の起こる確率は $P(E)=\dfrac{ウ}{エ}$ である。

　　ア ， イ の解答群（解答の順序は問わない。）

- ⓪　感染している場合に，陽性と判定される事象 E_1
- ①　感染している場合に，陰性と判定される事象 E_2
- ②　感染していない場合に，陽性と判定される事象 E_3
- ③　感染していない場合に，陰性と判定される事象 E_4

(2)　この検査を受けた 1 匹の犬が陰性と判定される事象を F とすると， オ であるから，事象 F の起こる確率は $P(F)=\dfrac{カ}{キ}$ である。

　　オ の解答群

- ⓪　事象 F は事象 E の余事象
- ①　事象 E と事象 F の確率の積が 1
- ②　事象 E と事象 F は互いに排反
- ③　事象 E と事象 F は互いに独立

(3)　陰性と判定されたこの犬が実際には感染しているという条件付き確率は， ク で表されるから，$\dfrac{ケ}{コサ}$ である。

　　ク の解答群（ただし，E_1，E_2，E_3，E_4 は ア ， イ の解答群を参照。）

- ⓪　$\dfrac{P(E_1)}{P(F)}$
- ①　$\dfrac{P(E_2)}{P(F)}$
- ②　$\dfrac{P(E_3)}{P(F)}$
- ③　$\dfrac{P(E_4)}{P(F)}$

(4)　5 匹の犬がこの検査を受けたとき，5 匹のうち少なくとも 1 匹が陽性と判定される確率は $\dfrac{シスセ}{ソタチツ}$，ちょうど 2 匹が陽性と判定される確率は $\dfrac{テトナ}{ニヌネ}$ である。

18

解答編 p.41　時間 8分

　右の図のような碁盤目状の街がある。この街では，東西方向に走る道がA〜E，南北方向に走る道が1〜5となっており，交差点の名称をその組合せにより命名している。例えば，北から4番目のDと，西から2番目の2が交わる交差点は，D-2である。

```
   1 2 3 4 5
 A ┌─┬─┬─┬─┐
 B ├─┼─┼─┼─┤
 C ├─┼─┼─┼─┤  北
 D ├─┼─┼─┼─┤  ↑
 E └─┴─┴─┴─┘
```

　今，太郎さんはE-1，花子さんはA-5の交差点に立っている。2人はさいころを投げ，それぞれ次の規則に従って移動する。このとき，次の問いに答えよ。

太郎：2以下の目が出たら東に1区画分，それ以外が出たら北に1区画分移動する。

花子：3以下の目が出たら西に1区画分，それ以外が出たら南に1区画分移動する。

(1)　太郎さんがさいころを投げたとき，東に $\dfrac{\text{ア}}{\text{イ}}$，北に $\dfrac{\text{ウ}}{\text{エ}}$ の確率で移動する。よって，さいころを4回投げたとき，北に r 区画分移動する確率 p_r は，

$$p_r = \dfrac{\boxed{\text{オ}}\mathrm{C}_r \times \boxed{\text{カ}}^r}{\boxed{\text{キク}}} \quad (r=0,\ 1,\ 2,\ 3,\ 4)\ \text{である。}$$

　したがって，太郎さんがさいころを4回投げてE-5にいるとき，東に $\boxed{\text{ケ}}$ 区画分，北に $\boxed{\text{コ}}$ 区画分移動しているから，この事象が起こる確率は $\dfrac{\boxed{\text{サ}}}{\boxed{\text{シス}}}$ である。

(2)　花子さんがさいころを4回投げたとき，西に s 区画分移動する確率 q_s は，

$$q_s = \dfrac{\boxed{\text{セ}}\mathrm{C}_s}{\boxed{\text{ソタ}}} \quad (s=0,\ 1,\ 2,\ 3,\ 4)\ \text{である。}$$

　したがって，花子さんがさいころを4回投げてC-3にいる確率は $\dfrac{\boxed{\text{チ}}}{\boxed{\text{ツ}}}$ である。

(3)　花子さんは，さいころを4回投げたとき，C-2に到着することはできない。これは，$\boxed{\text{テ}}$ ためである。

$\boxed{\text{テ}}$ の解答群

⓪　花子さんは，最初の交差点よりも北には移動できない
①　花子さんが西に進む確率は，南に進む確率と等しい
②　C-2は，最初の交差点から5区画分以上移動する必要がある
③　Aは，この街の中で最も南にある通りである

(4)　太郎さんと花子さんがさいころを4回ずつ投げたとき，同じ交差点に移動する確率を考える。2人がともに到着できる交差点は $\boxed{\text{ト}}$ か所ある。また，求める確率は $\dfrac{\boxed{\text{ナニヌ}}}{\boxed{\text{ネノハ}}}$ である。

19

解答編 p.42　時間 10分

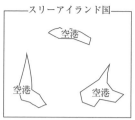

　　友人である太郎さんと花子さんは，日本の空港で偶然出会った。2人は別々のグループでスリーアイランド国に旅行する予定であり，ともにこの日のうちに現地の空港に到着する。

　　ところが，この国には3つの島に1つずつ，計3つの空港があり，同じ島に降り立つとは限らない。

　　ただし，これらの空港間を結ぶ航空機は1日1便ずつしかなく，乗り合わせが悪いため，1日で3島を回る方法はない。また，各島は小さく，同じ日に同じ島に降り立てば，2人は再会できるものとする。このとき，次の問いに答えよ。

⑴　2人が降り立つ島をそれぞれ等確率で選ぶとき，初日に太郎さんと花子さんが同じ島に降り立つ確率は $\dfrac{\boxed{ア}}{\boxed{イ}}$ である。

　　以下，再会しなかった日の翌日の2人は，次の3つの方法で移動するものとする。

> 方法A：太郎さんも花子さんも自分がいる島以外の2島のうち1つを等確率で選び，翌日その島に移動する。
> 方法B：太郎さんは自分がいる島以外の2島のうち1つを，花子さんは自分がいる島も含めて3島のうち1つを等確率で選び，移動（もしくは滞在）する。
> 方法C：太郎さんも花子さんも自分がいる島を含めた3島のうち1つを等確率で選び，移動（もしくは滞在）する。

⑵　2人が初日に別々の島に降り立ち，方法Aに従うとき，2日目に再会する確率は $\dfrac{\boxed{ウ}}{\boxed{エ}}$ であるから，2日目に初めて再会する確率は $\dfrac{\boxed{オ}}{\boxed{カ}}$ である。

⑶　前日に再会しなかったとき，それぞれの方法で翌日に再会する確率を $P(A)$, $P(B)$, $P(C)$ と表す。これらの確率の関係は，$\boxed{キ}$ と表せる。

$\boxed{キ}$ の解答群

⓪　$P(A)<P(B)<P(C)$	①　$P(A)=P(B)<P(C)$	②　$P(A)<P(B)=P(C)$
③　$P(C)<P(A)<P(B)$	④　$P(C)<P(B)<P(A)$	⑤　$P(C)=P(B)<P(A)$

⑷　n を2以上の整数とする。3つの方法A，B，Cのうち，翌日に再会する確率が最も高い方法を選択したとき，n 日目までに2人が一度も再会しない確率は $\left(\dfrac{\boxed{ク}}{\boxed{ケ}}\right)^n$ であり，その日までに再会する確率が90％を超えるのは $\boxed{コ}$ 日目である。

20

解答編	時間
p.44	10分

A, B, C の 3 人が, 4 冊のノートを分けることになった。1 冊ずつとって, 残りの 1 冊はじゃんけんの優勝者で決めることにした。ただし, じゃんけんはどちらか一方が勝つまでを 1 回と数え, 両者が勝つ確率は等しいものとする。

(1)　3 人はまず, 以下のルールで優勝者を決めることを考えた。

ルール

最初に A と B がじゃんけんをする。勝った方は, C とじゃんけんをする。同じように, 勝った人がもう 1 人とじゃんけんをする流れを繰り返し, 2 連勝した人を優勝とする。

このじゃんけんにおいて, 2 回目で優勝者が決まる確率は $\dfrac{\boxed{ア}}{\boxed{イ}}$ であり, 4 回目で A が優勝する確率は $\dfrac{\boxed{ウ}}{\boxed{エオ}}$ である。

また, 5 回目までに A が優勝する確率は $\dfrac{\boxed{カキ}}{\boxed{クケ}}$ である。

さらに, 5 回目までに A が優勝したときに, 1 回目で A が負けている条件付き確率は $\dfrac{\boxed{コ}}{\boxed{サシ}}$ である。

(2)　(1)のルールでは, 最初にじゃんけんに参加しない人が不利になるため, 何回かじゃんけんを繰り返しても優勝者が決まらないときには, C の優勝にすることとした。

5 回目まででじゃんけんを終わりにして優勝者を決める場合, C が優勝する確率は $\dfrac{\boxed{ス}}{\boxed{セソ}}$ である。

さらに, 終わりにする回数を 6 回目, 7 回目と増やしていくと, $\boxed{タ}$。

$\boxed{タ}$ の解答群

⓪　誰の優勝する確率が大きくなるかわからない

①　C の優勝する確率が大きくなっていく

②　はじめは C の優勝する確率が大きくなるが, 続けていくと小さくなっていく

③　C の優勝する確率は小さくなっていく

数学A 2 図形の性質

21

解答編 p.45　時間 8分

　　右の図のように，△ABC の A から辺 BC の中点に引いた中線を AM，∠A の二等分線と BC の交点を D とする。

　　さらに△AMD の外接円をかき，辺 AB，辺 AC との交点をそれぞれ P，Q とする。

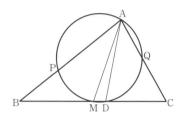

(1)　右の図を見ながら，太郎さんと花子さんが会話をしている。

太郎：図を見ると，BP と CQ の長さが同じになりそうだね。

花子：それではまず，AB＝7，BC＝8，AC＝5 として，実際に BP と CQ の長さを求めてみよう。

太郎：点 M は辺 BC の中点であるから BM＝CM＝$\boxed{\text{ア}}$ になるね。

花子：辺 AD が ∠A の二等分線なので BD：DC＝$\boxed{\text{イ}}$：$\boxed{\text{ウ}}$ とわかるから

　　　BD＝$\dfrac{\boxed{\text{エオ}}}{\boxed{\text{カ}}}$，CD＝$\dfrac{\boxed{\text{キク}}}{\boxed{\text{ケ}}}$ だね。

太郎：方べきの定理を用いて BP と CQ を求めると，BP＝CQ＝$\dfrac{\boxed{\text{コ}}}{\boxed{\text{サ}}}$ となるね。

---

(2)　太郎さんは，この会話のあと，BP＝CQ が一般に成り立つかどうかを確認した。

---- <太郎さんのノート> ----

　　方べきの定理を用いると，BP，CQ は

　　　BP＝$\dfrac{\text{BM}\cdot\boxed{\text{シ}}}{\boxed{\text{ス}}}$，CQ＝$\dfrac{\boxed{\text{セ}}\cdot\boxed{\text{ソ}}}{\text{AC}}$ と表せる。

　　ここで，AC＝$\dfrac{\text{AB}\cdot\boxed{\text{タ}}}{\boxed{\text{チ}}}$ を CQ に代入すると，CM＝$\boxed{\text{ツ}}$ であるから

　　　CQ＝$\dfrac{\text{BM}\cdot\boxed{\text{シ}}}{\boxed{\text{ス}}}$＝BP と分かり，BP＝CQ が示された。

$\boxed{\text{シ}}$ ～ $\boxed{\text{ツ}}$ の解答群

（同じものを繰り返し選んでもよく，$\boxed{\text{セ}}$ と $\boxed{\text{ソ}}$ については解答の順序を問わない。）

⓪　AP	①　AQ	②　AB	③　AC	④　BM
⑤　BD	⑥　CM	⑦　CD	⑧　MD	⑨　AM

22

解答編	時間
p.45	12分

図1のような一辺の長さが1の立方体 ABCD-EFGH がある。次の問いに答えよ。

(1) 立方体 ABCD-EFGH の面の数は $\boxed{ア}$，頂点の数は $\boxed{イ}$，辺の数は $\boxed{ウエ}$ である。

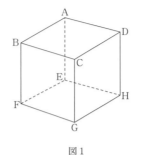

　図2のように，立方体から3か所を切り取ると，面の数は $\boxed{オ}$，頂点の数は $\boxed{カ}$，辺の数は $\boxed{キ}$ だけそれぞれ増加する。

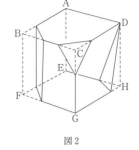

図1　　　　　　図2

　一般に，凸多面体，すなわちへこみのない多面体の頂点の数を v，辺の数を e，面の数を f とすると $\boxed{ク}$ が成り立つ。

$\boxed{ク}$ の解答群

⓪ $v-e+f=2$	① $v+e-f=2$	② $e-f+v=2$
③ $e-f-v=2$	④ $f-e-v=2$	⑤ $f-v-e=2$

(2) 図3のように，図1の立方体 ABCD-EFGH の辺 BC 上に点 P を，辺 CD 上に点 Q を，$CP=CQ=\dfrac{1}{2}$ となるようにとった。また，辺 DH 上には点 X をとった。

(ⅰ) 立方体 ABCD-EFGH を，3点 P，Q，E を通る平面で立方体を切ると，その切り口は $\boxed{ケ}$ になる。

$\boxed{ケ}$ の解答群

⓪ 三角形	① 四角形	② 五角形
③ 六角形	④ 七角形	⑤ 八角形

図3

(ⅱ) 線分 PG，GX，XQ の長さの和 PG+GX+XQ の最小値は $\dfrac{\sqrt{\boxed{コ}}}{\boxed{サ}}+\dfrac{\sqrt{\boxed{シス}}}{\boxed{セ}}$ である。

(3) 図3において，$CP=CQ=t$ とすると，△APQ が正三角形になるのは $t=\sqrt{\boxed{ソ}}-\boxed{タ}$ のときである。

　また，四面体 CPQG の体積が $\dfrac{1}{12}$ になるのは $t=\dfrac{\sqrt{\boxed{チ}}}{\boxed{ツ}}$ のときである。このとき，△PQG の面積は $\dfrac{\sqrt{\boxed{テ}}}{\boxed{ト}}$ であり，点 C から △PQG に引いた垂線を CI とすると，CI の長さは $CI=\dfrac{\sqrt{\boxed{ナ}}}{\boxed{ニ}}$ となる。

23

解答編 p.47　時間 10分

　図1のような四面体PQRSがある。頂点Pから平面QRSに下ろした垂線をPT, 辺QRに下ろした垂線をPUとする。

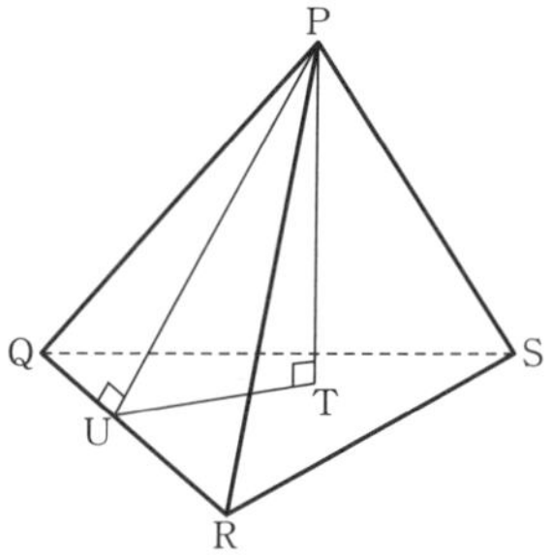

(1)　図1において, TU⊥QR であることは　ア　と　イ　から示される。

　　ア , イ の解答群（解答の順序は問わない。）

⓪ QR⊥PT	① PU⊥PS	② QR⊥PS
③ PU⊥QS	④ PU⊥RS	⑤ QR⊥PU

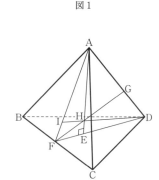

図1

　図2のような正四面体ABCDがある。頂点Aから平面BCDに下ろした垂線をAE, 辺BCの中点をF, 辺ADを3:2に内分する点をG, FGとAEの交点をH, 線分DHの延長とAFとの交点をIとする。

(2)　△ABE, △ACE, △ADE はすべて　ウ　であるから, 点Eは△BCDの外心である。

　　ウ の解答群

⓪ 正三角形	① 二等辺三角形	② 直角三角形
③ 鋭角三角形	④ 合同	⑤ 相似

図2

(3)　△BCDの重心, 内心, 垂心のうち, 点Eと一致するものをすべて選ぶと　エ　となる。

　　エ の解答群

⓪ 重心	① 内心	② 垂心	③ 重心, 内心
④ 重心, 垂心	⑤ 内心, 垂心	⑥ 重心, 内心, 垂心	

(4)　図2において, 点Eが△BCDの外心であることは, 四面体ABCDが正四面体であるための　オ　。

　　オ の解答群

⓪ 必要十分条件である	① 必要条件であるが, 十分条件ではない
② 十分条件であるが, 必要条件ではない	③ 必要条件でも十分条件でもない

(5)　図2において, AI：IF ＝ カ ： キ
　　　　　　　　　AH：HE＝ ク ： ケ　　である。

(6)　四面体GBCD, 四面体HBCD, 四面体IBCDの体積をそれぞれ V_1, V_2, V_3 とすると, $V_1 : V_2 : V_3 =$ コサ ： シス ： セソ である。

24

△ABC において AB=2, AC=1, ∠A=90° とする。

(1) ∠A の二等分線と辺 BC との交点を D とすると

$$BD = \frac{\boxed{ア}\sqrt{\boxed{イ}}}{\boxed{ウ}} \text{ である。}$$

点 A を通り点 D で辺 BC と接する円と辺 AB との交点で A と異なるものを E とすると

$$AB \cdot BE = \frac{\boxed{エオ}}{\boxed{カ}} \text{ であるから，} BE = \frac{\boxed{キク}}{\boxed{ケ}} \text{ である。}$$

(2) 次の $\boxed{コ}$ には下の ⓪～② から，$\boxed{サ}$ には③・④ から当てはまるものを一つずつ選べ。

$\dfrac{BE}{BD} \boxed{コ} \dfrac{AB}{BC}$ であるから，直線 AC と直線 DE の交点は辺 AC の端点 $\boxed{サ}$ の側の

延長上にある。

$\boxed{コ}$, $\boxed{サ}$ の解答群

⓪ ＜	① ＝	② ＞	③ A	④ C

その交点を F とすると

$$\frac{CF}{AF} = \frac{\boxed{シ}}{\boxed{ス}} \text{ であるから，} CF = \frac{\boxed{セ}}{\boxed{ソ}} \text{ である。}$$

したがって，BF の長さが求まり $\dfrac{CF}{AC} = \dfrac{BF}{AB}$ であることがわかる。

次の $\boxed{タ}$ には下の ⓪～③ から当てはまるものを一つ選べ。

点 D は △ABF の $\boxed{タ}$。

$\boxed{タ}$ の解答群

⓪ 外心である　　　① 内心である　　　② 重心である

③ 内心，外心，重心のいずれでもない

$\mathbf{\mathit{F}}$inal Step ファイナル ステップ

数学 I 1 数と式

1

解答編 p.50 | 時間 7分

c を正の整数とする。x の 2 次方程式
$$2x^2+(4c-3)x+2c^2-c-11=0 \quad \cdots\cdots①$$
について考える。

(1) $c=1$ のとき，①の左辺を因数分解すると
$$(\boxed{ア}\,x+\boxed{イ})(x-\boxed{ウ})$$
であるから，①の解は
$$x=-\frac{\boxed{イ}}{\boxed{ア}},\ \boxed{ウ}$$
である。

(2) $c=2$ のとき，①の解は
$$x=\frac{-\boxed{エ}\pm\sqrt{\boxed{オカ}}}{\boxed{キ}}$$
であり，大きい方の解を α とすると
$$\frac{5}{\alpha}=\frac{\boxed{ク}+\sqrt{\boxed{ケコ}}}{\boxed{サ}}$$
である。また，$m<\dfrac{5}{\alpha}<m+1$ を満たす整数 m は $\boxed{シ}$ である。

(3) 太郎さんと花子さんは，①の解について考察している。

> 太郎：①の解は c の値によって，ともに有理数である場合もあれば，ともに無理数である
> 　　　場合もあるね。c がどのような値のときに，解は有理数になるのかな。
> 花子：2 次方程式の解の公式の根号の中に着目すればいいんじゃないかな。

①の解が異なる二つの有理数であるような正の整数 c の個数は $\boxed{ス}$ 個である。

（令和 7 年度　試作問題
2021 年　共通テスト本試験）

2

実数 x について，整数部分を x の値を超えない最大の整数，小数部分を x から整数部分を引いた値であると定める。この定義に従って，次の問いに答えよ。

(1) 正の分数である $\dfrac{7}{4}$ について考えると，$1<\dfrac{7}{4}<2$ であることから，整数部分は $\boxed{ア}$ であり，小数部分は $\boxed{イ}$ である。

　負の分数についても同様に，$-\dfrac{7}{4}$ の整数部分は $\boxed{ウ}$，小数部分は $\boxed{エ}$ となる。

　次に，無理数 $\sqrt{3}$ について考えると，$\boxed{オ}<\sqrt{3}<\boxed{カ}$ であるから，$\sqrt{3}$ の整数部分は $\boxed{キ}$，小数部分は $\sqrt{3}-\boxed{ク}$ である。

　また，$5\sqrt{3}$ の整数部分は $\boxed{ケ}$ であり，$\dfrac{3-5\sqrt{3}}{6}$ の小数部分は $\dfrac{\boxed{コ}-5\sqrt{3}}{6}$ である。

　$\boxed{ア}$〜$\boxed{コ}$ の解答群（同じものを繰り返し選んでもよい。）

⓪ 1	① -1	② 2	③ -2	④ 0.25
⑤ 0.75	⑥ 5	⑦ 6	⑧ 8	⑨ 9

(2) 実数 x の小数部分を $\langle x\rangle$ と表すこととする。このとき，

$S=\left\langle\dfrac{1}{4}\right\rangle+\left\langle\dfrac{2}{4}\right\rangle+\left\langle\dfrac{3}{4}\right\rangle+\cdots+\left\langle\dfrac{n}{4}\right\rangle$ を考える。

(i) $n=10$ のとき，$S=\boxed{サ}.\boxed{シス}$ となる。

(ii) $S=99$ となる n の値は $\boxed{セ}$ である。

　$\boxed{セ}$ の解答群

⓪ 197	① 197 と 198	② 198	③ 198 と 199
④ 263	⑤ 263 と 264	⑥ 264	⑦ 264 と 265

(3) 実数 x の整数部分がわかっているときの，x のとりうる値を考える。

(i) 実数 x の整数部分が n のとき，x のとりうる値の範囲は $\boxed{ソ}$ と表せる。

　$\boxed{ソ}$ の解答群

⓪ $n<x<n+1$	① $n\leqq x<n+1$	② $n<x\leqq n+1$	③ $n\leqq x\leqq n+1$

(ii) $\dfrac{a}{2+\sqrt{3}}$ の整数部分が 5 となるような自然数 a は $\boxed{タ}$ 個あり，その中で最小のものは $\boxed{チツ}$ である。

(iii) $\sqrt{N}$ の整数部分が 3 となるような自然数 N は $\boxed{テ}$ 個あり，一般に，$\sqrt{N}$ の整数部分が n となるような自然数 N の個数は $\boxed{ト}$ と表せる。

　$\boxed{ト}$ の解答群

⓪ $n+1$	① $n+2$	② $2n$	③ $2n+1$	④ $4n-1$	⑤ $4n$

数学 I 2 集合と論証

3

解答編 p.54　時間 12分

a を定数とし，下の二つの不等式について考える。

$$x^2-x-12\geqq0 \ \cdots\cdots① \qquad x^2-(2a+2)x+a^2+2a\leqq0 \ \cdots\cdots②$$

(1) 方程式 $x^2-x-12=0$ の解は $\boxed{アイ}$，$\boxed{ウ}$

　方程式 $x^2-(2a+2)x+a^2+2a=0$ の解は $\boxed{エ}$，$\boxed{オ}$（$\boxed{エ}<\boxed{オ}$）

であるから，不等式①の解は $\boxed{カ}$，不等式②の解は $\boxed{キ}$ とわかる。

　$\boxed{エ}$，$\boxed{オ}$ の解答群

⓪ $a-2$	① $a-1$	② a	③ $a+1$	④ $a+2$

　$\boxed{カ}$ の解答群

⓪ $x\leqq\boxed{アイ}$，$\boxed{ウ}\leqq x$ 　　① $\boxed{アイ}\leqq x\leqq\boxed{ウ}$

② $x\leqq\boxed{ウ}$，$\boxed{アイ}\leqq x$ 　　③ $\boxed{ウ}\leqq x\leqq\boxed{アイ}$

　$\boxed{キ}$ の解答群

⓪ $x\leqq\boxed{エ}$，$\boxed{オ}\leqq x$ 　　① $\boxed{エ}\leqq x\leqq\boxed{オ}$

② $0<x\leqq\boxed{エ}$，$\boxed{オ}\leqq x$ 　　③ $\boxed{エ}\leqq x$

(2)(i) 不等式①，②を同時に満たす整数の個数は

　　$a=2$ のとき $\boxed{ク}$ 個，$a=3$ のとき $\boxed{ケ}$ 個である。

(ii) 不等式②を満たす整数の個数は，

　　a が $\boxed{P}$ とき 3 個，a が $\boxed{Q}$ とき 2 個である。

　　$\boxed{P}$，$\boxed{Q}$ の組合せとして適当なものは $\boxed{コ}$ である。

　　$\boxed{コ}$ の解答群

⓪ P：整数の　　Q：整数でない　　① P：整数でない　　Q：整数の

② P：自然数の　Q：自然数でない　③ P：自然数でない　Q：自然数の

④ P：有理数の　Q：無理数の　　　⑤ P：無理数の　　　Q：有理数の

(iii) 不等式②を満たす整数の個数は，a が $\boxed{P}$ とき 3 個，a が $\boxed{Q}$ とき 2 個であるから，これらの和が 33 になるのは

　　a が $\boxed{P}$ とき $a=\boxed{サシ}$

　　a が $\boxed{Q}$ とき $\boxed{スセ}<a<\boxed{ソタ}$ である。

　　同様に，不等式②を満たす整数の積が 56 になるのは

　　$\boxed{チツ}<a<\boxed{テト}$，$\boxed{ナ}<a<\boxed{ニ}$ となる。

(3) 不等式①を満たす x の集合を A，不等式②を満たす x の集合を B とする。また，$\overline{A}$，$\overline{B}$ はそれぞれ集合 A，B の補集合を表すものとする。

(ⅰ) $A \cap B = \varnothing$ となるのは $\boxed{ヌネ} < a < \boxed{ノ}$ のときである。

(ⅱ) $a=3$ のときの $A \cap \overline{B}$ を数直線に図示したものは $\boxed{ハ}$ である。ただし，●は境界を含むこと，○は境界を含まないことを示す。

$\boxed{ハ}$ については，最も適当なものを，次の⓪〜⑦のうちから一つ選べ。

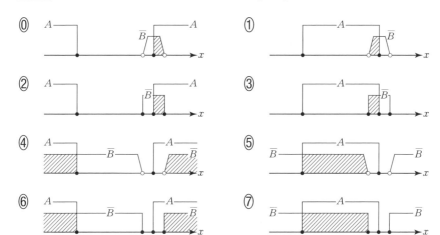

(ⅲ) a がどのような値をとっても成り立たない集合 A，B の関係は $\boxed{ヒ}$ と $\boxed{フ}$ である。

$\boxed{ヒ}$，$\boxed{フ}$ の解答群（解答の順序は問わない。）

⓪ $\overline{A} \supset B$	① $\overline{A} \subset B$	② $A \supset \overline{B}$	③ $A \subset \overline{B}$	④ $A = B$

(4) 不等式①が成り立つ条件を p，不等式②が成り立つ条件を q とする。また，$\overline{p}$ は条件 p の否定を表すものとする。

$a = -6$ のとき，p は q であるための $\boxed{ヘ}$。また，「$\overline{p}$ は $\overline{q}$ であるための十分条件であるが，必要条件ではない」となる a の値の範囲は，$\boxed{ホ}$ である。

$\boxed{ヘ}$ の解答群

⓪ 必要十分条件である	① 必要条件であるが，十分条件ではない
② 十分条件であるが，必要条件ではない	③ 必要条件でも十分条件でもない

$\boxed{ホ}$ の解答群

⓪ $-5 \leqq a \leqq 4$	① $-3 \leqq a \leqq 4$	② $-5 < a < 4$
③ $-3 < a < 4$	④ $a \leqq -5$ または $4 \leqq a$	⑤ $a \leqq -3$ または $4 \leqq a$
⑥ $a < -5$ または $4 < a$	⑦ $a < -3$ または $4 < a$	

数学 I 3　2次関数

解答編 p.55　時間 10分

4

陸上競技の短距離 100 m 走では，100 m を走るのにかかる時間（以下，タイムと呼ぶ）は，1 歩あたりの進む距離（以下，ストライドと呼ぶ）と 1 秒あたりの歩数（以下，ピッチと呼ぶ）に関係がある。ストライドとピッチはそれぞれ以下の式で与えられる。

$$\text{ストライド(m/歩)} = \frac{100\,(\text{m})}{100\,\text{m を走るのにかかった歩数(歩)}}$$

$$\text{ピッチ(歩/秒)} = \frac{100\,\text{m を走るのにかかった歩数(歩)}}{\text{タイム(秒)}}$$

ただし，100 m を走るのにかかった歩数は，最後の 1 歩がゴールラインをまたぐこともあるので，小数で表される。以下，単位は必要のない限り省略する。

例えば，タイムが 10.81 で，そのときの歩数が 48.5 であったとき，

$$\text{ストライドは} \frac{100}{48.5} \text{より約 2.06，ピッチは} \frac{48.5}{10.81} \text{より約 4.49}$$

である。

なお，小数の形で解答する場合は，指定された桁数の一つ下の桁を四捨五入して答えよ。また，必要に応じて，指定された桁まで⓪にマークせよ。

(1)　ストライドを x，ピッチを z とおく。ピッチは 1 秒あたりの歩数，ストライドは 1 歩あたりの進む距離なので，1 秒あたりの進む距離すなわち平均速度は，x と z を用いて $\boxed{\text{ア}}$ （m/秒）と表される。

これより，タイムと，ストライド，ピッチとの関係は

$$\text{タイム} = \frac{100}{\boxed{\text{ア}}} \quad \cdots\cdots ①$$

と表されるので，$\boxed{\text{ア}}$ が最大になるときにタイムが最もよくなる。ただし，タイムがよくなるとは，タイムの値が小さくなることである。

$\boxed{\text{ア}}$ の解答群

⓪　$x+z$	①　$z-x$	②　xz
③　$\dfrac{x+z}{2}$	④　$\dfrac{z-x}{2}$	⑤　$\dfrac{xz}{2}$

(2)　男子短距離 100 m 走の選手である太郎さんは，①に着目して，タイムが最もよくなるストライドとピッチを考えることにした。

　　次の表は，太郎さんが練習で 100 m を 3 回走ったときのストライドとピッチのデータである。

	1回目	2回目	3回目
ストライド	2.05	2.10	2.15
ピッチ	4.70	4.60	4.50

　　また，ストライドとピッチにはそれぞれ限界がある。太郎さんの場合，ストライドの最大値は 2.40，ピッチの最大値は 4.80 である。

　　太郎さんは，上の表から，ストライドが 0.05 大きくなるとピッチが 0.1 小さくなるという関係があると考えて，ピッチがストライドの 1 次関数として表されると仮定した。このとき，ピッチ z はストライド x を用いて

$$z = \boxed{イウ}\, x + \frac{\boxed{エオ}}{5} \quad \cdots\cdots ②$$

と表される。

　　②が太郎さんのストライドの最大値 2.40 とピッチの最大値 4.80 まで成り立つと仮定すると，x の値の範囲は次のようになる。

$$\boxed{カ}.\boxed{キク} \leqq x \leqq 2.40$$

　　$y = \boxed{ア}$ とおく。②を $y = \boxed{ア}$ に代入することにより，y を x の関数として表すことができる。太郎さんのタイムが最もよくなるストライドとピッチを求めるためには，$\boxed{カ}.\boxed{キク} \leqq x \leqq 2.40$ の範囲で y の値を最大にする x の値を見つければよい。このとき，y の値が最大になるのは $x = \boxed{ケ}.\boxed{コサ}$ のときである。

　　よって，太郎さんのタイムが最もよくなるのは，ストライドが $\boxed{ケ}.\boxed{コサ}$ のときであり，このとき，ピッチは $\boxed{シ}.\boxed{スセ}$ である。また，このときの太郎さんのタイムは，①により $\boxed{ソ}$ である。

$\boxed{ソ}$ については，最も適当なものを，次の⓪～⑤のうちから一つ選べ。

⓪ 9.68	① 9.97	② 10.09
③ 10.33	④ 10.42	⑤ 10.55

（令和7年度　試作問題
2021年　共通テスト本試験）

5

解答編　p.56　時間　12分

(1) 太郎さんは数学の授業で出された宿題について，先生に以下のような解答を提出した。問題と太郎さんの解答を読んで，次の問いに答えよ。

問題　4次関数 $f(x)=(x+1)(x-3)(x^2-2x-1)$ について，最小値を求めよ。

太郎さんの解答

$f(x)=(x+1)(x-3)(x^2-2x-1)$

$\quad =(x^2-\boxed{ア}x-\boxed{イ})(x^2-2x-1)$

である。ここで，$x^2-\boxed{ア}x=t$ とおき，$f(x)$ を t の関数 $g(t)$ で表すと

$g(t)=t^2-\boxed{ウ}t+\boxed{エ}$

ただし，$x^2-\boxed{ア}x=t$ であるから，x がすべての実数をとるとき，$g(t)$ の定義域は

$\boxed{オ}$ ……①

関数 $g(t)$ は

$g(t)=(t-\boxed{カ})^2-\boxed{キ}$

と変形できるから，$g(t)$ は $t=\boxed{ク}$ （$\boxed{オ}$ を満たしている）のとき，最小値 $\boxed{ケコ}$ をとる。

したがって，関数 $f(x)$ は $x=\boxed{サ}$，$\boxed{シ}$ のとき，最小値 $\boxed{ケコ}$ をとる。

$\boxed{オ}$ の解答群

⓪ $t>-1$	① $t>0$	② $t>1$	③ $t\geqq-1$
④ $t\geqq0$	⑤ $t\geqq1$		

$\boxed{サ}$，$\boxed{シ}$ の解答群（解答の順序は問わない。）

⓪ $1+\sqrt{2}$	① $1-\sqrt{2}$	② $1+\sqrt{3}$	③ $1-\sqrt{3}$
④ 2	⑤ -2		

(2)　さらに，同じ4次関数 $f(x)=(x+1)(x-3)(x^2-2x-1)$ について，追加の課題が出され，太郎さんはこれにも解答を作成した。

追加の課題　　$1-a \leqq x \leqq 1+a$（a は正の定数）のときの $f(x)$ の最大値を求めよ。

太郎さんの解答

　　$g(t)$ の定義域は $t \geqq \boxed{スセ}$ であり，$t=\boxed{スセ}$ のとき，$g(t)=\boxed{ソ}$ である。

　　$g(t)>\boxed{ソ}$ を満たす t の値の範囲は $t>\boxed{タ}$ であるから，$f(x)>\boxed{ソ}$

　を満たす x の値の範囲は

　　　　$x<1-\sqrt{\boxed{チ}}$，$1+\sqrt{\boxed{チ}}<x$

　　ここで，$1-a \leqq x \leqq 1+a$（a は正の定数）であるから，$f(x)$ の最大値は

　　　　$0<a<\sqrt{\boxed{チ}}$ のとき $\boxed{ツ}$

　　　　$\sqrt{\boxed{チ}} \leqq a$　　　のとき $a^4-\boxed{テ}a^2+\boxed{ト}$ ……②

---

(3)　太郎さんがこの解答を先生に提出した数日後，先生は太郎さんに，別の解法がないか尋ねた。

先生：この前の追加の課題はとてもいい解答でした。
　　　では，この問題を別の方法で解くことはできないでしょうか？

太郎：$y=g(t)$ について，2次関数のグラフの性質に注目して，軸の位置で場合分けするというのはどうでしょう？

先生：素晴らしい。t 軸を横軸，y 軸を縦軸にとって $y=g(t)$ のグラフをかくとして，どのように場合分けしたらよいでしょうか？

太郎：グラフの軸が定義域の $\boxed{A}$ にくるときは定義域の左端で最大値をとって，グラフの軸が定義域の $\boxed{B}$ にくるときは定義域の右端で最大値をとると思います。あとの計算は提出した解答と同じようにできます。

　　　$\boxed{A}$，$\boxed{B}$ の組合せとして適当なものは $\boxed{ナ}$ である。

　$\boxed{ナ}$ の解答群

⓪　A：中央より左側，B：中央より右側	①　A：外，B：中
②　A：中央より右側，B：中央より左側	③　A：中，B：外

数学Ⅰ 4 図形と計量

6

解答編 p.58　時間 12分

∠ACB＝90° である直角三角形 ABC と，その辺上を移動する 3 点 P，Q，R がある。点 P，Q，R は，次の規則に従って移動する。

・最初，点 P，Q，R はそれぞれ点 A，B，C の位置にあり，点 P，Q，R は同時刻に移動を開始する。

・点 P は辺 AC 上を，点 Q は辺 BA 上を，点 R は辺 CB 上を，それぞれ向きを変えることなく，一定の速さで移動する。ただし，点 P は毎秒1の速さで移動する。

・点 P，Q，R は，それぞれ点 C，A，B の位置に同時刻に到達し，移動を終了する。

次の問いに答えよ。

(1) 図1の直角三角形 ABC を考える。

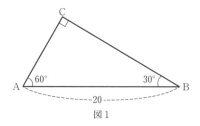

図1

(ⅰ) 各点が移動を開始してから 2 秒後の線分 PQ の長さと三角形 APQ の面積 S を求めると

$$PQ=\boxed{\ ア\ }\sqrt{\boxed{\ イウ\ }}，\ S=\boxed{\ エ\ }\sqrt{\boxed{\ オ\ }}\quad となる。$$

(ⅱ) 各点が移動する間の線分 PR の長さとして

　　　　とり得ない値は　　　　$\boxed{\ カ\ }$

　　　　一回だけとり得る値は　$\boxed{\ キ\ }$，$\boxed{\ ク\ }$

　　　　二回だけとり得る値は　$\boxed{\ ケ\ }$，$\boxed{\ コ\ }$

である。ただし，移動には出発点と到達点も含まれるものとする。

$\boxed{\ カ\ }$ ～ $\boxed{\ コ\ }$ の解答群

（$\boxed{\ キ\ }$ と $\boxed{\ ク\ }$，$\boxed{\ ケ\ }$ と $\boxed{\ コ\ }$ についてはそれぞれ解答の順序を問わない。）

⓪ $5\sqrt{2}$	① $5\sqrt{3}$	② $4\sqrt{5}$	③ 10	④ $10\sqrt{3}$

(iii) 各点が移動する間における三角形 APQ，三角形 BQR，三角形 CRP の面積をそれぞれ S_1，S_2，S_3 とする。各時刻における S_1，S_2，S_3 の間の大小関係について述べた文として正しいものは サ である。

 サ の解答群

⓪　最初は $S_1 < S_2 < S_3$ で，$S_1 = S_2 = S_3$ を経て $S_1 > S_2 > S_3$ となる。

①　最初は $S_1 > S_2 > S_3$ で，$S_1 = S_2 = S_3$ を経て $S_1 < S_2 < S_3$ となる。

②　最初は $S_1 < S_2 < S_3$ で，移動を終了したときに $S_1 = S_2 = S_3$ となる。

③　最初は $S_1 > S_2 > S_3$ で，移動を終了したときに $S_1 = S_2 = S_3$ となる。

④　時刻に関係なく $S_1 < S_2 < S_3$ である。

⑤　時刻に関係なく $S_1 = S_2 = S_3$ である。

⑥　時刻に関係なく $S_1 > S_2 > S_3$ である。

(2) 直角三角形 ABC の辺の長さを右の図 2 のように変えたとき，三角形 PQR の面積が 12 となるのは，各点が移動を開始してから何秒後かを求めると

$$\frac{\boxed{シス} \pm \boxed{セ}\sqrt{\boxed{ソ}}}{\boxed{タ}} \text{秒後} \quad \text{となる。}$$

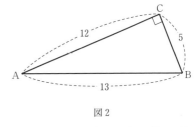

図 2

（2018 年　試行調査）

7

解答編	時間
p.59	10分

　右の図のように，△ABC の外側に辺 AB，BC，CA をそれぞれ 1 辺とする正方形 ADEB，BFGC，CHIA をかき，2 点 E と F，G と H，I と D をそれぞれ線分で結んだ図形を考える。以下において

　BC＝a，CA＝b，AB＝c

　∠CAB＝A，∠ABC＝B，∠BCA＝C

とする。

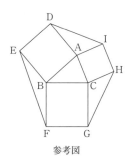

参考図

(1)　$b=6$，$c=5$，$\cos A=\dfrac{3}{5}$ のとき，$\sin A=\dfrac{\boxed{ア}}{\boxed{イ}}$ であり，△ABC の面積は $\boxed{ウエ}$，

　△AID の面積は $\boxed{オカ}$ である。

(2)　正方形 BFGC，CHIA，ADEB の面積をそれぞれ S_1，S_2，S_3 とする。このとき，$S_1-S_2-S_3$ は

　　・$0°<A<90°$ のとき，$\boxed{キ}$。

　　・$A=90°$ のとき，$\boxed{ク}$。

　　・$90°<A<180°$ のとき，$\boxed{ケ}$。

　$\boxed{キ}$ ～ $\boxed{ケ}$ の解答群（同じものを繰り返し選んでもよい。）

⓪ 0である	① 正の値である
② 負の値である	③ 正の値も負の値もとる

(3)　$\triangle$AID，$\triangle$BEF，$\triangle$CGH の面積をそれぞれ T_1，T_2，T_3 とする。このとき，$\boxed{\text{コ}}$ である。

$\boxed{\text{コ}}$ の解答群

> ⓪　$a<b<c$ ならば，$T_1>T_2>T_3$
>
> ①　$a<b<c$ ならば，$T_1<T_2<T_3$
>
> ②　A が鈍角ならば，$T_1<T_2$ かつ $T_1<T_3$
>
> ③　a，b，c の値に関係なく，$T_1=T_2=T_3$

(4)　$\triangle$ABC，$\triangle$AID，$\triangle$BEF，$\triangle$CGH のうち，外接円の半径が最も小さいものを求める。

　　　$0°<A<90°$ のとき，ID $\boxed{\text{サ}}$ BC であり

　　　（$\triangle$AID の外接円の半径）$\boxed{\text{シ}}$（$\triangle$ABC の外接円の半径）

　　であるから，外接円の半径が最も小さい三角形は

　　　・$0°<A<B<C<90°$ のとき，$\boxed{\text{ス}}$ である。

　　　・$0°<A<B<90°<C$ のとき，$\boxed{\text{セ}}$ である。

$\boxed{\text{サ}}$，$\boxed{\text{シ}}$ の解答群（同じものを繰り返し選んでもよい。）

> ⓪　$<$　　　　　　　　①　$=$　　　　　　　　②　$>$

$\boxed{\text{ス}}$，$\boxed{\text{セ}}$ の解答群（同じものを繰り返し選んでもよい。）

> ⓪　$\triangle$ABC　　　①　$\triangle$AID　　　②　$\triangle$BEF　　　③　$\triangle$CGH

（令和 7 年度　試作問題
2021 年　共通テスト本試験）

数学 I 5 データの分析

解答編 p.61　時間 10分

8

　太郎さんと花子さんは，社会のグローバル化に伴う都市間の国際競争において，都市周辺にある国際空港の利便性が重視されていることを知った。そこで，日本を含む世界の主な 40 の国際空港それぞれから最も近い主要ターミナル駅へ鉄道等で移動するときの「移動距離」，「所要時間」，「費用」を調べた。なお，「所要時間」と「費用」は各国とも午前 10 時台で調査し，「費用」は調査時点の為替レートで日本円に換算した。

　以下では，データが与えられた際，次の値を外れ値とする。

　　「(第 1 四分位数)−1.5×(四分位範囲)」以下のすべての値

　　「(第 3 四分位数)+1.5×(四分位範囲)」以上のすべての値

(1)　次のデータは，40 の国際空港からの「移動距離」（単位は km）を並べたものである。

56	48	47	42	40	38	38	36	28	25
25	24	23	22	22	21	21	20	20	20
20	20	19	18	16	16	15	15	14	13
13	12	11	11	10	10	10	8	7	6

　　このデータにおいて，四分位範囲は アイ であり，外れ値の個数は ウ である。

(2)　図 1 は「移動距離」と「所要時間」の散布図，図 2 は「所要時間」と「費用」の散布図，図 3 は「費用」と「移動距離」の散布図である。ただし，白丸は日本の空港，黒丸は日本以外の空港を表している。

　　また，「移動距離」，「所要時間」，「費用」の平均値はそれぞれ 22，38，950 であり，散布図に実線で示している。

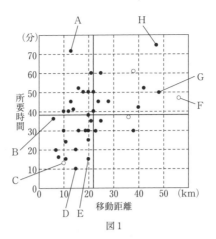

図 1

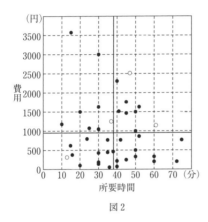

図 2

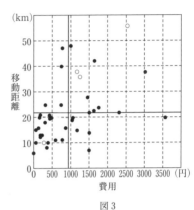

図 3

(i) 40 の国際空港について，「所要時間」を「移動距離」で割った「1 km あたりの所要時間」を考えよう。外れ値を＊で示した「1 km あたりの所要時間」の箱ひげ図は エ であり，外れ値は図 1 の A〜H のうちの オ と カ である。

　　 エ については，最も適当なものを，次の⓪〜④のうちから一つ選べ。

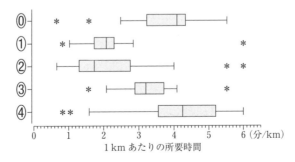

1 km あたりの所要時間

　 オ ， カ の解答群（解答の順序は問わない。）

⓪ A　① B　② C　③ D　④ E　⑤ F　⑥ G　⑦ H

（次のページに続く）

(ⅱ) ある国で，次のような新空港が建設される計画があるとする。

移動距離（km）	所要時間（分）	費用（円）
22	38	950

次の(Ⅰ)，(Ⅱ)，(Ⅲ)は，40 の国際空港にこの新空港を加えたデータに関する記述である。

(Ⅰ) 新空港は，日本の四つのいずれの空港よりも，「費用」は高いが「所要時間」は短い。

(Ⅱ) 「移動距離」の標準偏差は，新空港を加える前後で変化しない。

(Ⅲ) 図1，図2，図3のそれぞれの二つの変量について，変量間の相関係数は，新空港を加える前後で変化しない。

(Ⅰ)，(Ⅱ)，(Ⅲ)の正誤の組合せとして正しいものは　キ　である。

　キ　の解答群

	⓪	①	②	③	④	⑤	⑥	⑦
(Ⅰ)	正	正	正	正	誤	誤	誤	誤
(Ⅱ)	正	正	誤	誤	正	正	誤	誤
(Ⅲ)	正	誤	正	誤	正	誤	正	誤

(3) 太郎さんは，調べた空港のうちの一つである P 空港で，利便性に関するアンケート調査が実施されていることを知った。

太郎：P 空港を利用した 30 人に，P 空港は便利だと思うかどうかをたずねたとき，どのくらいの人が「便利だと思う」と回答したら，P 空港の利用者全体のうち便利だと思う人の方が多いとしてよいのかな。

花子：例えば，20 人だったらどうかな。

二人は，30 人のうち 20 人が「便利だと思う」と回答した場合に，「P 空港は便利だと思う人の方が多い」といえるかどうかを，次の**方針**で考えることにした。

──**方針**──

・"P 空港の利用者全体のうちで「便利だと思う」と回答する割合と，「便利だと思う」と回答しない割合が等しい"という仮説をたてる。

・この仮説のもとで，30 人抽出したうちの 20 人以上が「便利だと思う」と回答する確率が 5 ％未満であれば，その仮説は誤っていると判断し，5 ％以上であれば，その仮説は誤っているとは判断しない。

次の**実験結果**は，30 枚の硬貨を投げる実験を 1000 回行ったとき，表が出た枚数ごとの回数の割合を示したものである。

実験結果

表の枚数	0	1	2	3	4	5	6	7	8	9	
割合	0.0%	0.0%	0.0%	0.0%	0.0%	0.0%	0.0%	0.0%	0.1%	0.8%	
表の枚数	10	11	12	13	14	15	16	17	18	19	
割合	3.2%	5.8%	8.0%	11.2%	13.8%	14.4%	14.1%	9.8%	8.8%	4.2%	
表の枚数	20	21	22	23	24	25	26	27	28	29	30
割合	3.2%	1.4%	1.0%	0.0%	0.1%	0.0%	0.1%	0.0%	0.0%	0.0%	0.0%

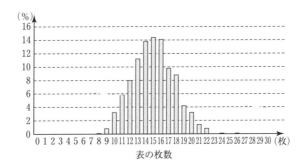

実験結果を用いると，30 枚の硬貨のうち 20 枚以上が表となった割合は $\boxed{ク}$. $\boxed{ケ}$ ％である。これを，30 人のうち 20 人以上が「便利だと思う」と回答する確率とみなし，**方針**に従うと，「便利だと思う」と回答する割合と，「便利だと思う」と回答しない割合が等しいという仮説は $\boxed{コ}$ ，P 空港は便利だと思う人の方が $\boxed{サ}$ 。

$\boxed{コ}$ ，$\boxed{サ}$ については，最も適当なものを，次のそれぞれの解答群から一つずつ選べ。

$\boxed{コ}$ の解答群

⓪ 誤っていると判断され	① 誤っているとは判断されず

$\boxed{サ}$ の解答群

⓪ 多いといえる	① 多いとはいえない

（令和 7 年度　試作問題）

9

解答編
p.63

時間
12分

　就業者の従事する産業は，勤務する事業所の主な経済活動の種類によって，第1次産業（農業，林業と漁業），第2次産業（鉱業，建設業と製造業），第3次産業（前記以外の産業）の三つに分類される。国の労働状況の調査（国勢調査）では，47の都道府県別に第1次，第2次，第3次それぞれの産業ごとの就業者数が発表されている。ここでは都道府県別に，就業者数に対する各産業に就業する人数の割合を算出したものを，各産業の「就業者数割合」と呼ぶことにする。

(1)　図1は，1975年度から2010年度まで5年ごとの8個の年度（それぞれを時点という）における都道府県別の三つの産業の就業者数割合を箱ひげ図で表したものである。各時点の箱ひげ図は，それぞれ上から順に第1次産業，第2次産業，第3次産業のものである。

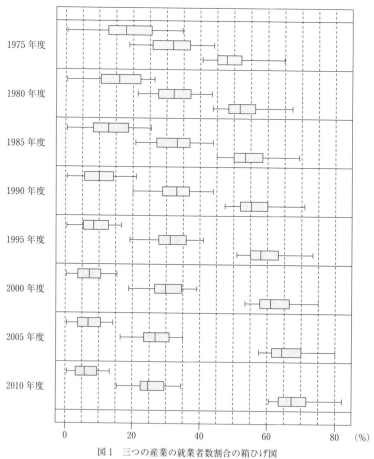

図1　三つの産業の就業者数割合の箱ひげ図
（出典：総務省のWebページにより作成）

　次の⓪～⑤のうち，図1から読み取れることとして**正しくないもの**は ア と イ である。

ア ， イ の解答群（解答の順序は問わない。）

⓪　第1次産業の就業者数割合の四分位範囲は，2000年度までは，後の時点になるにしたがって減少している。

①　第1次産業の就業者数割合について，左側のひげの長さと右側のひげの長さを比較すると，どの時点においても左側の方が長い。

②　第2次産業の就業者数割合の中央値は，1990年度以降，後の時点になるにしたがって減少している。

③　第2次産業の就業者数割合の第1四分位数は，後の時点になるにしたがって減少している。

④　第3次産業の就業者数割合の第3四分位数は，後の時点になるにしたがって増加している。

⑤　第3次産業の就業者数割合の最小値は，後の時点になるにしたがって増加している。

(2)　(1)で取り上げた8時点の中から5時点を取り出して考える。各時点における都道府県別の，第1次産業と第3次産業の就業者数割合のヒストグラムを一つのグラフにまとめてかいたものが，下の五つのグラフである。それぞれの右側の網掛けしたヒストグラムが第3次産業のものである。なお，ヒストグラムの各階級の区間は，左側の数値を含み，右側の数値を含まない。

　　・1985年度におけるグラフは ウ である。

　　・1995年度におけるグラフは エ である。

　ウ ， エ については，最も適当なものを，次の⓪～④のうちから一つずつ選べ。ただし，同じものを繰り返し選んでもよい。

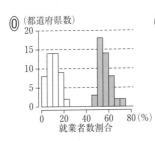

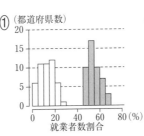

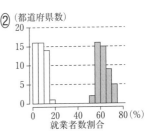

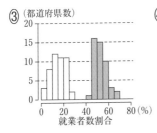

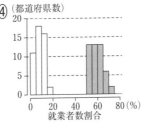

（出典：総務省の
Webページにより作成）

（次のページに続く）

(3)　三つの産業から二つずつを組み合わせて都道府県別の就業者数割合の散布図を作成した。図 2 の散布図群は，左から順に 1975 年度における第 1 次産業（横軸）と第 2 次産業（縦軸）の散布図，第 2 次産業（横軸）と第 3 次産業（縦軸）の散布図，および第 3 次産業（横軸）と第 1 次産業（縦軸）の散布図である。また，図 3 は同様に作成した 2015 年度の散布図群である。

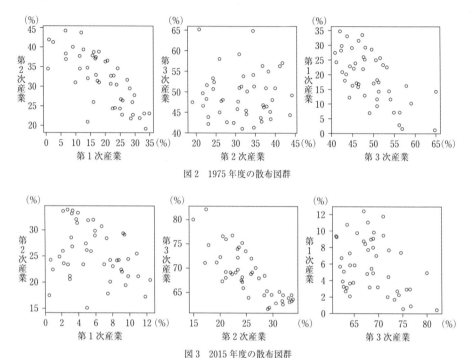

図 2　1975 年度の散布図群

図 3　2015 年度の散布図群
（出典：図 2，図 3 はともに総務省の Web ページにより作成）

　下の(I)，(II)，(III)は，1975 年度を基準としたときの，2015 年度の変化を記述したものである。ただし，ここで「相関が強くなった」とは，相関係数の絶対値が大きくなったことを意味する。

(I)　都道府県別の第 1 次産業の就業者数割合と第 2 次産業の就業者数割合の間の相関は強くなった。

(II)　都道府県別の第 2 次産業の就業者数割合と第 3 次産業の就業者数割合の間の相関は強くなった。

(III)　都道府県別の第 3 次産業の就業者数割合と第 1 次産業の就業者数割合の間の相関は強くなった。

　(I)，(II)，(III)の正誤の組合せとして正しいものは　オ　である。

　オ　の解答群

	⓪	①	②	③	④	⑤	⑥	⑦
(I)	正	正	正	正	誤	誤	誤	誤
(II)	正	正	誤	誤	正	正	誤	誤
(III)	正	誤	正	誤	正	誤	正	誤

(4)　各都道府県の就業者数の内訳として男女別の就業者数も発表されている。そこで，就業
者数に対する男性・女性の就業者数の割合をそれぞれ「男性の就業者数割合」，「女性の就
業者数割合」と呼ぶことにし，これらを都道府県別に算出した。図4は，2015年度におけ
る都道府県別の，第1次産業の就業者数割合（横軸）と，男性の就業者割合（縦軸）の
散布図である。

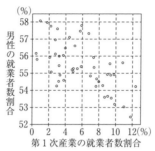

図4　都道府県別の，第1次産業の就業者数割合と，男性の就業者数割合の散布図
（出典：総務省のWebページにより作成）

　各都道府県の，男性の就業者数と女性の就業者数を合計すると就業者数の全体となるこ
とに注意すると，2015年度における都道府県別の，第1次産業の就業者数割合（横軸）と，
女性の就業者数割合（縦軸）の散布図は　カ　である。

　　カ　については，最も適当なものを，下の⓪〜③のうちから一つ選べ。なお，設問の
都合で各散布図の横軸と縦軸の目盛りは省略しているが，横軸は右方向，縦軸は上方向が
それぞれ正の方向である。

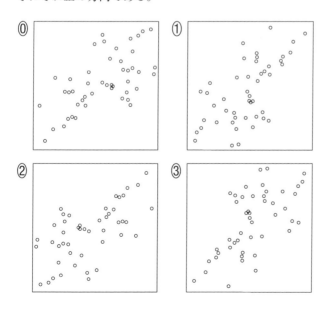

数学A 1 場合の数と確率

10

解答編 p.64　時間 12分

A，B，C，D，E，F，Gの7チームが右のようなトーナメント形式の大会を行うことになった。

各チームは，今後行われる抽選により，1番から7番までの枠に割り当てられる。

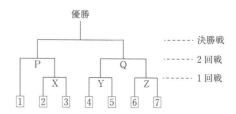

(1) この大会の1回戦の組合せの総数について考えてみよう。

7つの枠に，7チームを単純に当てはめる場合の数は ア で表せる。

しかし，このトーナメント表では，2番と3番のように，入れ替わっても1回戦が同じ対戦になる枠も存在する。同様に，2回戦に注目すると， イ と ウ が入れ替わっても組合せは同じになる。

したがって，この大会の1回戦の組合せの総数は， ア を エ で割ることで求めることができる。

ア の解答群

⓪ 7 　　① $4! \times 3!$ 　　② $_7C_7$ 　　③ $_7P_7$ 　　④ $_4P_4$

イ ， ウ の解答群（解答の順序は問わない。）

⓪ Pブロック 　　① Qブロック 　　② Xブロック
③ Yブロック 　　④ Zブロック 　　⑤ 1番の枠

エ の解答群

⓪ 2^2 　　① 2×3 　　② 2^3 　　③ 2^4 　　④ $2^3 \times 3$

(2) この大会の1回戦の組合せの総数は，組合せの考え方を用いて求めることもできる。

まず オ 番の枠に入る1チームを選び，次に カ ブロックに入る2チームを選ぶと，残りの4チームは α ブロックと β ブロックが入れ替わっても同じ対戦になる。

このことに注意して組合せの総数を求めると， キクケ 通りとなる。

カ の解答群（ α と β には，それ以外の2つのブロックが入る。）

⓪ X 　　① Y 　　② Z

(3)　Aチームの太郎さんとBチームの花子さんは，この大会でお互いが1回戦で対戦する確率について話している。

太郎：Xブロックの1回戦でAチームとBチームが対戦する確率は $\dfrac{1}{\boxed{コサ}}$ だよね。

花子：じゃあ，1回戦で私たちが対戦する確率は $\dfrac{\boxed{シ}}{\boxed{ス}}$ だね。

---

(4)　太郎さんは(3)の会話の後，A，Bの各チームが他のチームに勝つ確率を仮定して，優勝チームに関する様々な推測を行った。

-----<太郎さんの推測>-----

　AチームとBチームが他のチームに勝つ確率は，右の表の通りであるとする。

	1回戦	2回戦	決勝戦
A	$\dfrac{1}{3}$	$\dfrac{1}{2}$	$\dfrac{2}{3}$
B	$\dfrac{2}{3}$	$\dfrac{1}{2}$	$\dfrac{1}{3}$

　Aチームの優勝する確率は，Aチームが $\boxed{セ}$ に入ったとき $\boxed{ソ}$ となり，それ以外のブロックに入ったとき $\boxed{タ}$ となる。

　同様に，Bチームの優勝する確率は，$\boxed{セ}$ に入ったとき $\boxed{チ}$ となり，それ以外のブロックに入ったとき $\boxed{ツ}$ となる。

　以上を組み合わせると，Aチームの優勝する確率は $\boxed{テ}$，Bチームの優勝する確率は $\boxed{ト}$ であるとわかる。

　また，Aチームが優勝したとき，Aチームが1番の枠であった条件付き確率は $\boxed{ナ}$ である。

$\boxed{セ}$ の解答群

⓪ Xブロック	① Yブロック	② Zブロック	③ 1番の枠

$\boxed{ソ}$ ～ $\boxed{ナ}$ の解答群（同じものを繰り返し選んでもよい。）

⓪ $\dfrac{1}{3}$	① $\dfrac{2}{3}$	② $\dfrac{1}{2}$	③ $\dfrac{1}{6}$	④ $\dfrac{1}{9}$
⑤ $\dfrac{4}{9}$	⑥ $\dfrac{5}{9}$	⑦ $\dfrac{1}{4}$	⑧ $\dfrac{1}{7}$	⑨ $\dfrac{5}{42}$

11

解答編 p.65   時間 10分

中にくじが入っている二つの箱 A と B がある。二つの箱の外見は同じであるが，箱 A では，当たりくじを引く確率が $\dfrac{1}{2}$ であり，箱 B では，当たりくじを引く確率が $\dfrac{1}{3}$ である。

(1) 各箱で，くじを 1 本引いてはもとに戻す試行を 3 回繰り返す。このとき

箱 A において，3 回中ちょうど 1 回当たる確率は $\dfrac{\boxed{\text{ア}}}{\boxed{\text{イ}}}$ ……①

箱 B において，3 回中ちょうど 1 回当たる確率は $\dfrac{\boxed{\text{ウ}}}{\boxed{\text{エ}}}$ ……②

である。箱 A において，3 回引いたときに当たりくじを引く回数の期待値は $\dfrac{\boxed{\text{オ}}}{\boxed{\text{カ}}}$ であり，箱 B において，3 回引いたときに当たりくじを引く回数の期待値は $\boxed{\text{キ}}$ である。

(2)　太郎さんと花子さんは，それぞれくじを引くことにした。ただし，二人は，箱 A，箱 B での当たりくじを引く確率は知っているが，二つの箱のどちらが A で，どちらが B であるかはわからないものとする。

　　まず，太郎さんが二つの箱のうちの一方をでたらめに選ぶ。そして，その選んだ箱において，くじを 1 本引いてはもとに戻す試行を 3 回繰り返したところ，3 回中ちょうど 1 回当たった。
　　このとき，選ばれた箱が A である事象を A，選ばれた箱が B である事象を B，3 回中ちょうど 1 回当たる事象を W とする。(1)の①，②に注意すると

$$P(A \cap W) = \frac{1}{2} \times \frac{\boxed{ア}}{\boxed{イ}}, \quad P(B \cap W) = \frac{1}{2} \times \frac{\boxed{ウ}}{\boxed{エ}}$$

である。$P(W) = P(A \cap W) + P(B \cap W)$ であるから，3 回中ちょうど 1 回当たったとき，選んだ箱が A である条件付き確率 $P_W(A)$ は $\dfrac{\boxed{クケ}}{\boxed{コサ}}$ となる。また，条件付き確率 $P_W(B)$ は $1 - P_W(A)$ で求められる。

（次のページに続く）

　次に，花子さんが箱を選ぶ。その選んだ箱において，くじを 1 本引いてはもとに戻す試行を 3 回繰り返す。花子さんは，当たりくじをより多く引きたいので，太郎さんのくじの結果をもとに，次の(X)，(Y)のどちらの場合がよいかを考えている。

　　(X)　太郎さんが選んだ箱と同じ箱を選ぶ。
　　(Y)　太郎さんが選んだ箱と異なる箱を選ぶ。

　花子さんがくじを引くときに起こりうる事象の場合の数は，選んだ箱が A，B のいずれかの 2 通りと，3 回のうち当たりくじを引く回数が 0，1，2，3 回のいずれかの 4 通りの組合せで全部で 8 通りある。

花子：当たりくじを引く回数の期待値が大きい方の箱を選ぶといいかな。
太郎：当たりくじを引く回数の期待値を求めるには，この 8 通りについて，それぞれの起こる確率と当たりくじを引く回数との積を考えればいいね。

　花子さんは当たりくじを引く回数の期待値が大きい方の箱を選ぶことにした。

　(X)の場合について考える。箱 A において 3 回引いてちょうど 1 回当たる事象を A_1，箱 B において 3 回引いてちょうど 1 回当たる事象を B_1 と表す。
　太郎さんが選んだ箱が A である確率 $P_W(A)$ を用いると，花子さんが選んだ箱が A で，かつ，花子さんが 3 回引いてちょうど 1 回当たる事象の起こる確率は $P_W(A) \times P(A_1)$ と表せる。このことと同様に考えると，花子さんが選んだ箱が B で，かつ，花子さんが 3 回引いてちょうど 1 回当たる事象の起こる確率は $\boxed{\text{シ}}$ と表せる。

花子：残りの 6 通りも同じように計算すれば，この場合の当たりくじを引く回数の期待値を計算できるね。
太郎：期待値を計算する式は，選んだ箱が A である事象に対する式と B である事象に対する式に分けて整理できそうだよ。

残りの 6 通りについても同じように考えると，(X)の場合の当たりくじを引く回数の期待値を計算する式は

$$\boxed{ス} \times \frac{\boxed{オ}}{\boxed{カ}} + \boxed{セ} \times \boxed{キ}$$

となる。

(Y)の場合についても同様に考えて計算すると，(Y)の場合の当たりくじを引く回数の期待値は $\dfrac{\boxed{ソタ}}{\boxed{チツ}}$ である。よって，当たりくじを引く回数の期待値が大きい方の箱を選ぶという方針に基づくと，花子さんは，太郎さんが選んだ箱と $\boxed{テ}$。

$\boxed{シ}$ の解答群

⓪	$P_W(A) \times P(A_1)$	①	$P_W(A) \times P(B_1)$
②	$P_W(B) \times P(A_1)$	③	$P_W(B) \times P(B_1)$

$\boxed{ス}$，$\boxed{セ}$ の解答群（同じものを繰り返し選んでもよい。）

⓪	$\dfrac{1}{2}$	①	$\dfrac{1}{4}$	②	$P_W(A)$	③	$P_W(B)$
④	$\dfrac{1}{2}P_W(A)$			⑤	$\dfrac{1}{2}P_W(B)$		
⑥	$P_W(A) - P_W(B)$			⑦	$P_W(B) - P_W(A)$		
⑧	$\dfrac{P_W(A) - P_W(B)}{2}$			⑨	$\dfrac{P_W(B) - P_W(A)}{2}$		

$\boxed{テ}$ の解答群

⓪	同じ箱を選ぶ方がよい	①	異なる箱を選ぶ方がよい

（令和 7 年度　試作問題）

数学A 2 図形の性質

12

解答編	時間
p.67	12分

△ABC において，AB＝3，BC＝4，AC＝5 とする。

∠BAC の二等分線と辺 BC との交点を D とすると

$$BD＝\frac{\boxed{ア}}{\boxed{イ}}，\quad AD＝\frac{\boxed{ウ}\sqrt{\boxed{エ}}}{\boxed{オ}}$$

である。

また，∠BAC の二等分線と △ABC の外接円 O との交点で点 A とは異なる点を E とする。△AEC に着目すると

$$AE＝\boxed{カ}\sqrt{\boxed{キ}}$$

である。

△ABC の 2 辺 AB と AC の両方に接し，外接円 O に内接する円の中心を P とする。円 P の半径を r とする。さらに，円 P と外接円 O との接点を F とし，直線 PF と外接円 O との交点で点 F とは異なる点を G とする。

このとき

$$AP＝\sqrt{\boxed{ク}}\,r$$

$$PG＝\boxed{ケ}－r$$

と表せる。

したがって，方べきの定理により

$$r＝\frac{\boxed{コ}}{\boxed{サ}}$$

である。

△ABC の内心を Q とする。内接円 Q の半径は $\boxed{シ}$ で，AQ$=\sqrt{\boxed{ス}}$ である。また，円 P と辺 AB との接点を H とすると，AH$=\dfrac{\boxed{セ}}{\boxed{ソ}}$ である。

以上から，点 H に関する次の(a)，(b)の正誤の組合せとして正しいものは $\boxed{タ}$ である。

(a)　点 H は 3 点 B，D，Q を通る円の周上にある。

(b)　点 H は 3 点 B，E，Q を通る円の周上にある。

$\boxed{タ}$ の解答群

	⓪	①	②	③
(a)	正	正	誤	誤
(b)	正	誤	正	誤

（令和 7 年度　試作問題
2021 年　共通テスト本試験）

13

| 解答編 | 時間 |
| p.68 | 14分 |

　△ABC の重心を G とし，線分 AG 上で点 A とは異なる位置に点 D をとる。直線 AG と辺 BC の交点を E とする。また，直線 BC 上で辺 BC 上にはない位置に点 F をとる。直線 DF と辺 AB の交点を P，直線 DF と辺 AC の交点を Q とする。

(1)　点 D は線分 AG の中点であるとする。このとき，△ABC の形状に関係なく

$$\frac{\text{AD}}{\text{DE}} = \frac{\boxed{ア}}{\boxed{イ}}$$

である。また，点 F の位置に関係なく

$$\frac{\text{BP}}{\text{AP}} = \boxed{ウ} \times \frac{\boxed{エ}}{\boxed{オ}}, \quad \frac{\text{CQ}}{\text{AQ}} = \boxed{カ} \times \frac{\boxed{キ}}{\boxed{ク}}$$

であるので，つねに

$$\frac{\text{BP}}{\text{AP}} + \frac{\text{CQ}}{\text{AQ}} = \boxed{ケ}$$

となる。

$\boxed{エ}$，$\boxed{オ}$，$\boxed{キ}$，$\boxed{ク}$ の解答群（同じものを繰り返し選んでもよい。）

| ⓪ BC | ① BF | ② CF | ③ EF |
| ④ FP | ⑤ FQ | ⑥ PQ | |

(2)　AB=9，BC=8，AC=6 とし，(1)と同様に，点 D は線分 AG の中点であるとする。ここで，4 点 B，C，Q，P が同一円周上にあるように点 F をとる。

　　このとき，$AQ=\dfrac{\boxed{コ}}{\boxed{サ}}AP$ であるから

$$AP=\dfrac{\boxed{シス}}{\boxed{セ}}，\quad AQ=\dfrac{\boxed{ソタ}}{\boxed{チ}}$$

　であり

$$CF=\dfrac{\boxed{ツテ}}{\boxed{トナ}}$$

　である。

(3)　△ABC の形状や点 F の位置に関係なく，つねに $\dfrac{BP}{AP}+\dfrac{CQ}{AQ}=10$ となるのは，

$\dfrac{AD}{DG}=\dfrac{\boxed{ニ}}{\boxed{ヌ}}$ のときである。

（2022 年　共通テスト本試験）

14

解答編 p.71　時間 14分

　ある日，太郎さんと花子さんのクラスでは，数学の授業で先生から次の**問題1**が宿題とし
て出された。下の問いに答えよ。なお，円周上に異なる2点をとった場合，弧は二つできる
が，本問題において，弧は二つあるうちの小さい方を指す。

問題1	正三角形ABCの外接円の弧BC上に点X があるとき，AX＝BX＋CX が成り立つこと を証明せよ。	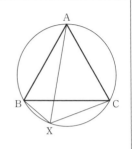

(1)　**問題1**は次のような構想をもとにして証明できる。

> 　線分 AX 上に BX＝B′X となる点 B′ をとり，B と B′ を結ぶ。
> 　AX＝AB′＋B′X なので，AX＝BX＋CX を示すには，AB′＝CX を示せばよく，
> AB′＝CX を示すには，二つの三角形 ボア と イ が合同であることを示せばよい。

　ア，　イの解答群（解答の順序は問わない。）

⓪ △ABB′	① △AB′C	② △ABX	③ △AXC
④ △BCB′	⑤ △BXB′	⑥ △B′XC	⑦ △CBX

　太郎さんたちは，次の日の数学の授業で**問題1**を証明した後，点 X が弧 BC 上にないときについて先生に質問をした。その質問に対して先生は，一般に次の**定理**が成り立つことや，その**定理**と**問題1**で証明したことを使うと，下の**問題2**が解決できることを教えてくれた。

> 定理　　平面上の点 X と正三角形 ABC の各頂点からの距離 AX，BX，CX について，点 X が三角形 ABC の外接円の弧 BC 上にないときは，AX<BX+CX が成り立つ。

> 問題2　　三角形 PQR について，各頂点からの距離の和 PY+QY+RY が最小になる点 Y はどのような位置にあるかを求めよ。

(2)　太郎さんと花子さんは**問題2**について，次のような会話をしている。

> 花子：**問題1**で証明したことは，二つの線分 BX と CX の長さの和を一つの線分 AX の長さに置き換えられるってことだよね。
>
> 太郎：例えば，右の図の三角形 PQR で辺 PQ を1辺とする正三角形をかいてみたらどうかな。ただし，辺 QR を最も長い辺とするよ。辺 PQ に関して点 R とは反対側に点 S をとって，正三角形 PSQ をかき，その外接円をかいてみようよ。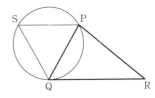
>
> 花子：正三角形 PSQ の外接円の弧 PQ 上に点 T をとると，PT と QT の長さの和は線分 ウ の長さに置き換えられるから，PT+QT+RT＝ ウ +RT になるね。
>
> 太郎：**定理**と**問題1**で証明したことを使うと**問題2**の点 Y は，点 エ と点 オ を通る直線と カ との交点になることが示せるよ。
>
> 花子：でも，∠QPR が キ °より大きいときは，点 エ と点 オ を通る直線と カ が交わらないから，∠QPR が キ °より小さいときという条件がつくよね。

（次のページに続く）

│ ウ │ の解答群

| ⓪ PQ | ① PS | ② QS | ③ RS | ④ RT | ⑤ ST |

│ エ │，│ オ │ の解答群（解答の順序は問わない。）

| ⓪ P | ① Q | ② R | ③ S | ④ T |

│ カ │ の解答群

| ⓪ 辺PQ | ① 辺PS | ② 辺QS | ③ 弧PQ | ④ 弧PS | ⑤ 弧QS |

│ キ │ の解答群

| ⓪ 30 | ① 45 | ② 60 | ③ 90 | ④ 120 | ⑤ 135 | ⑥ 150 |

(3) (2)の図において，点 Y は，∠QPR が │ キ │ °より

　　　小さいとき　　│ ク │

　　　大きいとき　　│ ケ │

│ ク │，│ ケ │ の解答群（同じものを繰り返し選んでもよい。）

⓪　三角形 PQR の外心である。

①　三角形 PQR の内心である。

②　三角形 PQR の重心である。

③　∠PYR＝∠QYP＝∠RYQ となる点である。

④　∠PQY＋∠PRY＋∠QPR＝180° となる点である。

⑤　三角形 PQR の三つの辺のうち，最も短い辺を除く二つの辺の交点である。

⑥　三角形 PQR の三つの辺のうち，最も長い辺を除く二つの辺の交点である。

（2018 年　試行調査）

こ た え

1st Step

1 (1) $\boxed{16}\,a^4-\boxed{72}\,a^2b^2+\boxed{81}\,b^4$

   (2) $x^4-\boxed{4}\,x^2+\boxed{12}\,x-\boxed{9}$

2 (1) $(\boxed{2}\,x-\boxed{3})(\boxed{5}\,x+\boxed{12})$

   (2) $(\boxed{a}+\boxed{b})(a-b)(\boxed{b}-\boxed{c})$

3 (1) $a=\boxed{3}+\sqrt{\boxed{5}}$, $a^4-6a^3+4a^2=\boxed{0}$

   (2) $\boxed{4}\,(\sqrt{\boxed{2}}-\sqrt{\boxed{3}})$

4 $\boxed{3}\,\sqrt{5}-\boxed{3}$, $a=\boxed{3}$,

   $b=\boxed{3}\,\sqrt{5}-\boxed{6}$

5 $x^2+y^2=\boxed{18}$, $\dfrac{y}{x}+\dfrac{x}{y}=\boxed{-6}$,

   $x^4-2x^2y^2+y^4=\boxed{288}$

6 $ab+bc+ca=\boxed{11}$,

   $a^2b^2+b^2c^2+c^2a^2=\boxed{49}$, $a^3+b^3+c^3=\boxed{36}$

7 $\boxed{9}\pm\boxed{3}\,\sqrt{\boxed{5}}$, $\boxed{8}$ 個

8 $\boxed{-3}<k<\boxed{1}$, $k=\boxed{-3}$ のとき $x=\boxed{-4}$,

   $k=\boxed{1}$ のとき $x=\boxed{0}$

9 $b=\boxed{2}\,a-\boxed{5}$, $x=a-\boxed{2}$, $a=\boxed{5}$

10 $x<\boxed{-1}$, $\boxed{4}<x$,

    $a-\boxed{3}<x<\boxed{a}+3$,

    $a\leqq\boxed{-4}$ または $\boxed{7}\leqq a$

11 $a=\boxed{-3}$

12 $\boxed{n-3}<x<\boxed{n+3}$, $\boxed{5}$ 個

13 (1) $\overline{A}=\{\boxed{1,\ 2,\ 5,\ 6,\ 8}\}$, $\overline{A}\cap B=\{\boxed{1,\ 6,\ 8}\}$,

    $\overline{A}\cap B=\{\boxed{2,\ 5}\}$,

    $\overline{A}\cup B=\{\boxed{1,\ 2,\ 4,\ 5,\ 6,\ 7,\ 8}\}$

    (2) $A\cap\overline{B}=\{\boxed{x\,|\,2\leqq x\leqq 6}\}$

    $\overline{A}\cap B=\{\boxed{x\,|\,x\leqq 1,\ 9\leqq x}\}$

    $\{x\,|\,1<x<2,\ 6<x<9\}=\boxed{A\cap B}$

    $\{x\,|\,x\leqq 1,\ 2\leqq x\leqq 6,\ 9\leqq x\}=\boxed{\overline{A\cap B}}$

14 (1) $k<\boxed{-1}$ または $\dfrac{1}{2}<k$,

    $-\dfrac{2}{3}\leqq k\leqq\dfrac{1}{3}$, $\boxed{-6}<a<\boxed{2}$

    (2) $\boxed{⓪}$, $\boxed{③}$, $\boxed{⑦}$

15 (1) (ア) $\boxed{⓪}$ (イ) $\boxed{①}$ (ウ) $\boxed{⓪}$

    (2) 逆 $\boxed{②}$, 裏 $\boxed{①}$, 対偶 $\boxed{④}$,

    逆は偽 $\boxed{⑥}$, 裏は偽 $\boxed{⑥}$, 対偶は真 $\boxed{⑦}$

16 (1) $\boxed{①}$ (2) $\boxed{②}$ (3) $\boxed{⓪}$ (4) $\boxed{⓪}$

17 (1) $(\boxed{12},\ \boxed{-8})$

    (2) $\left(\dfrac{1}{2}\,a-\dfrac{1}{2},\ -\boxed{2}\,a+\boxed{1}\right)$

18 (1) $a=\boxed{2}$, $b=\boxed{4}$, $c=\boxed{-4}$

    (2) $a=\boxed{-12}$, $b=\boxed{-10}$, $c=\boxed{-28}$

19 $\left(\dfrac{3}{4},\ \dfrac{7}{8}\right)$, $y=2x^2-\boxed{7}\,x+\boxed{3}$

20 $a=\boxed{-2}$, $b=\boxed{4}$, $c=\boxed{1}$

21 (1) $\left(\dfrac{2a-\boxed{5}}{2},\ \dfrac{-4a^2+\boxed{37}}{4}\right)$

    (2) $-\dfrac{\sqrt{\boxed{37}}}{2}<a<\dfrac{\sqrt{\boxed{37}}}{2}$,

    $x=\dfrac{2a-5\pm\sqrt{\boxed{-4}\,a^2+\boxed{37}}}{2}$

    (3) $a=\boxed{3}$, $\boxed{-3}$, $x=\boxed{-5}$, $\boxed{-6}$

22 $a=\boxed{-6}$ の場合 $x=\boxed{2}$ のとき最大値 $\boxed{14}$,

    $a=\boxed{2}$ の場合 $x=\boxed{2}$ のとき最小値 6

23 $x=-\dfrac{1}{4}\,a$ のとき

    最大値 $\dfrac{1}{8}\,a^2-a-\boxed{1}$,

    $M=\dfrac{1}{8}\,(a-\boxed{4})^2-\boxed{3}$, $\boxed{-3}\leqq M\leqq\boxed{-1}$

24 (1) $\left(\dfrac{3}{2},\ -\dfrac{9}{2}\right)$, $a=\boxed{4}$

    (2) $-1<a<\boxed{4}$ のとき $f(-1)=\boxed{8}$,

    $\boxed{4}\leqq a$ のとき $f(a)=\boxed{2}\,a^2-\boxed{6}\,a$,

    $-1<a<\dfrac{3}{2}$ のとき

    $f(a)=\boxed{2}\,a^2-\boxed{6}\,a$,

    $\dfrac{3}{2}\leqq a$ のとき $f\left(\dfrac{3}{2}\right)=\boxed{-\dfrac{9}{2}}$

25 $\left(\dfrac{1}{2}\,a,\ \dfrac{1}{4}\,a^2\right)$,

    $a<\boxed{-4}$ のとき $\boxed{-2}\,a-\boxed{4}$,

    $\boxed{-4}\leqq a\leqq\boxed{4}$ のとき $\dfrac{1}{4}\,a^2$,

    $\boxed{4}<a$ のとき $\boxed{2}\,a-\boxed{4}$

26 $\boxed{1}<a<\boxed{5}$

27 $\boxed{1}<a<\boxed{8}$, $\boxed{-1}<a<\boxed{1}$

28 $a<\boxed{-1}$, $\boxed{3}<a$, $\boxed{1}<a<\boxed{5}$,

    $a<\dfrac{7}{2}$, $\boxed{3}<a<\dfrac{7}{2}$

29 AD$=\boxed{3}$, BD$=\boxed{9}$,

    BC$=\boxed{9}+\boxed{3}\,\sqrt{\boxed{3}}$

30 (1) $\cos\theta=-\dfrac{3\sqrt{2}}{5}$, $\tan\theta=-\dfrac{\sqrt{14}}{6}$

    (2) $\cos\theta=-\dfrac{\sqrt{6}}{3}$, $\sin\theta=\dfrac{\sqrt{3}}{3}$

31 $\boxed{60}°$, $\boxed{120}°$, $\boxed{150}°$,

    $\boxed{60}°\leqq\theta\leqq\boxed{120}°$,

    $\boxed{150}°\leqq\theta\leqq\boxed{180}°$

32 (1) $\alpha=\dfrac{2}{3}\,\beta$ または $\alpha=\boxed{60}°-\dfrac{2}{3}\,\beta$

    (2) $\alpha=\boxed{45}°+\dfrac{1}{2}\,\beta$, $\alpha=\boxed{45}°-\dfrac{1}{2}\,\beta$

33 (1) AC $= \boxed{2}\sqrt{\boxed{13}}$

(2) C が鋭角ならば BC $= \boxed{2}\sqrt{\boxed{3}}$,

C が鈍角ならば BC $= \sqrt{\boxed{3}}$

34 $\cos\theta = \boxed{-\dfrac{1}{4}}$, $\sin\theta = \boxed{\dfrac{\sqrt{15}}{4}}$

35 (1) AC $= \boxed{9\sqrt{2}}$, $R = \boxed{3\sqrt{6}}$

(2) $A = \boxed{30}°$ または $\boxed{150}°$

36 $\triangle$OAB $= \boxed{12\sqrt{3}}$, OD : OB $= \boxed{2} : \boxed{3}$

37 $\cos B = \boxed{\dfrac{13}{15}}$, AD $= \boxed{2\sqrt{2}}$, $S = \boxed{\sqrt{14}}$,

$R = \boxed{\dfrac{15\sqrt{7}}{14}}$, $r = \boxed{\dfrac{2\sqrt{14}}{7}}$

38 $\triangle$ABC $= \boxed{24}$, AD $= 24(\boxed{2-\sqrt{3}})$

39 $\cos\angle$ABC $= \boxed{\dfrac{1}{3}}$, AC $= \boxed{\sqrt{33}}$

40 AC $= \boxed{3}$, AD $= \boxed{2}$,

$\sin\angle$ABC $= \boxed{\dfrac{\sqrt{33}}{6}}$, 円 O の半径 $\boxed{\dfrac{3\sqrt{33}}{11}}$,

四角形 ABCD の面積 $\boxed{\dfrac{5\sqrt{11}}{4}}$

41 $\cos\angle$MCN $= \boxed{\dfrac{5}{6}}$, $\triangle$MCN $= \boxed{\dfrac{\sqrt{11}}{4}}$

42 $\cos\angle$BED $= \boxed{\dfrac{\sqrt{2}}{10}}$, $\triangle$BDE $= \boxed{\dfrac{7}{2}}$, $V = \boxed{1}$,

$h = \boxed{\dfrac{6}{7}}$

43 BH $= \boxed{\dfrac{\sqrt{3}}{3}}$, OH $= \boxed{\dfrac{\sqrt{6}}{3}} - r$, $r = \boxed{\dfrac{\sqrt{6}}{4}}$,

$\boxed{12}$ 倍

44 (1) $x = \boxed{3}$, $y = \boxed{2}$

(2) $x = \boxed{1}$, $y = \boxed{4}$

(3) $x = \boxed{1, 2, 3, 4}$

45 $\boxed{①, ②}$

46 平均値 $\boxed{8}$, 分散 $\boxed{10}$, 標準偏差 $\boxed{\sqrt{10}}$

47 $\boxed{0.35}$

48 $\boxed{8}$, $\boxed{50}$, $\boxed{25}$

49 $\boxed{1000}$, $\boxed{4536}$, $\boxed{16}$

50 $\boxed{35}$, $\boxed{15}$, $\boxed{49}$

51 (1) $\boxed{1260}$ (2) $\boxed{630}$ (3) $\boxed{315}$

52 (1) $\boxed{420}$ (2) $\boxed{120}$, $\boxed{12}$ (3) $\boxed{30}$, $\boxed{30}$

(4) $\boxed{15}$

53 $\boxed{243}$, $\boxed{30}$

54 (1) $\boxed{252}$ (2) $\boxed{1350}$ (3) $\boxed{18000}$

55 $\boxed{\dfrac{2}{25}}$, $\boxed{\dfrac{33}{100}}$, $\boxed{\dfrac{17}{100}}$

56 (1) $\boxed{\dfrac{10}{11}}$ (2) $\boxed{\dfrac{83}{110}}$

57 $\boxed{\dfrac{1}{16}}$, $\boxed{\dfrac{3}{32}}$

58 (1) $\boxed{\dfrac{5}{72}}$, $\boxed{\dfrac{19}{27}}$ (2) $\boxed{\dfrac{1}{108}}$, $\boxed{\dfrac{37}{48}}$

59 $\boxed{\dfrac{5}{32}}$, $\boxed{\dfrac{13}{16}}$

60 $\boxed{\dfrac{2}{27}}$, $\boxed{\dfrac{8}{27}}$

61 (1) $\boxed{\dfrac{6}{25}}$ (2) $\boxed{\dfrac{16}{25}}$, $\boxed{\dfrac{3}{8}}$

62 (1) $\boxed{280}$ (円)

(2) $P(6) = \boxed{\dfrac{1}{64}}$, $P(5) = \boxed{\dfrac{3}{32}}$, $P(4) = \boxed{\dfrac{15}{64}}$

$\boxed{15}$ (点)

63 (1) $x = \boxed{30}°$, $y = \boxed{\dfrac{8}{3}}$

(2) $x = \boxed{50}°$, $y = \boxed{120}°$

(3) $x = \boxed{4}$, $y = \boxed{\dfrac{7}{4}}$

(4) $x = \boxed{40}°$, $y = \boxed{50}°$

64 BD $= \boxed{\dfrac{7}{4}}$, BE $= \boxed{\dfrac{7}{2}}$

65 $\boxed{\dfrac{\sqrt{3}-1}{2}}$

66 BS : SC $= \boxed{1} : \boxed{6}$,

$\triangle$BRS : $\triangle$CRS $= \boxed{1} : \boxed{6}$

67 BD : DC $= \boxed{5} : \boxed{8}$,

AP : PD $= \boxed{13} : \boxed{6}$,

$\triangle$ABC : $\triangle$BPC $= \boxed{19} : \boxed{6}$

68 $\boxed{2} < x < \boxed{10}$, $y = \boxed{2\sqrt{35}}$

69 (1) $x = \boxed{45°}$, $y = \boxed{97°}$

(2) $x = \boxed{104°}$, $y = \boxed{56°}$

70 (1) (ア) $x = \boxed{11}$ (イ) $x = \boxed{4}$ (ウ) $x = \boxed{6}$

(2) BD $= \boxed{6}$, CD $= \boxed{4}$, BP $= \boxed{5}$,

CQ $= \boxed{5}$

2ⁿᵈ Step

1

ア	イ	ウ	エ	オ	カ	キ	ク	ケ	コ
−	8	−	4	2	2	4	4	7	3

2

ア	イ	ウ	エ	オ	カ	キ	ク	ケ
−	6	3	8	−	2	1	8	2

3

ア	イ	ウ	エ	オ	カ	キ	ク	ケ	コ	サ
1	0	0	0	8	0	0	7	0	0	4

シ	ス	セ	ソ	タ	チ	ツ	テ
6	0	0	4	0	0	0	3

4

ア	イ	ウ	エ	オ	カ	キ	ク	ケ
1	1	1	2	0	0	1	6	9

(ク・ケは順不同)

5

ア	イ	ウ	エ	オ	カ	キ	ク	ケ	コ	サ	シ	ス	セ
3	4	1	−	1	1	5	6	4	2	8	0	1	2

(ア・イは順不同)

6

ア	イ	ウ	エ	オ	カ	キ	ク	ケ	コ	サ	シ
0	7	3	2	0	0	5	0	0	0	0	0

ス	セ	ソ	タ	チ	ツ	テ	ト
1	0	0	3	0	0	3	3

7

ア	イ	ウ	エ	オ	カ	キ	ク	ケ	コ	サ	シ	ス	セ
2	2	3	2	4	2	0	0	1	4	1	−	4	0

ソ	タ	チ	ツ	テ	ト	ナ	ニ	ヌ
2	9	1	6	9	2	2	9	0

8

ア	イ	ウ	エ	オ	カ	キ	ク	ケ	コ	サ	シ	ス	セ	ソ
5	2	1	0	2	2	1	6	5	5	4	5	1	1	5

タ	チ	ツ	テ	ト	ナ	ニ
1	6	5	2	7	1	0

9

ア	イ	ウ	エ	オ	カ	キ	ク	ケ	コ	サ	シ	ス
0	3	1	2	1	5	1	2	3	6	2	2	1

セ	ソ	タ	チ
4	4	1	0

(ウ・エ, オ・カはそれぞれ順不同)

10

ア	イ	ウ	エ	オ	カ	キ	ク	ケ	コ
4	0	0	1	2	6	4	1	4	7

(ク～コは順不同)

11

ア	イ	ウ	エ	オ	カ	キ	ク	ケ	コ	サ	シ
1	6	2	7	4	1	2	3	2	2	3	2

セ	ソ	タ
5	0	3

12

ア	イ	ウ	エ	オ	カ	キ	ク	ケ	コ	サ	シ	ス	セ
7	7	3	3	7	7	1	6	3	3	5	0	1	1

13

ア	イ	ウ	エ	オ	カ	キ	ク	ケ	コ	サ	シ	ス
2	3	1	6	1	5	0	6	2	1	1	0	4

セ	ソ	タ	チ	ツ
3	2	1	5	3

14

ア	イ	ウ	エ	オ	カ
3	4	6	3	1	0

(ア～ウは順不同)

15

ア	イ	ウ	エ	オ	カ	キ	ク	ケ	コ	サ	シ	ス	セ	ソ
3	3	5	4	3	7	5	3	4	3	3	1	5	5	1

(オ・カは順不同)

16

ア	イ	ウ	エ	オ	カ
5	1	3	9	8	7

(イ・ウは順不同)

17

ア	イ	ウ	エ	オ	カ	キ	ク	ケ	コ	サ
0	2	1	4	0	3	4	1	1	2	5

シ	ス	セ	ソ	タ	チ	ツ	テ	ト	ナ	ニ	ヌ	ネ
7	8	1	1	0	2	4	1	3	5	5	1	2

(ア・イは順不同)

18

ア	イ	ウ	エ	オ	カ	キ	ク	ケ	コ	サ	シ	ス
1	3	2	3	4	2	8	1	4	0	1	8	1

セ	ソ	タ	チ	ツ	テ	ト	ナ	ニ	ヌ	ネ	ノ	ハ
4	1	6	3	8	2	5	1	0	7	4	3	2

19

ア	イ	ウ	エ	オ	カ	キ	ク	ケ	コ
1	3	1	4	1	6	2	2	3	6

20

ア	イ	ウ	エ	オ	カ	キ	ク	ケ	コ	サ	シ	ス	セ	ソ
1	2	1	1	6	1	1	3	2	2	1	1	5	1	6

タ
3

21

ア	イ	ウ	エ	オ	カ	キ	ク	ケ	コ	サ	シ	ス	セ	ソ
4	7	5	1	4	3	1	0	3	8	3	5	2	7	6

タ	チ	ツ
7	5	4

(セ・ソは順不同)

22

ア	イ	ウ	エ	オ	カ	キ	ク	ケ	コ	サ	シ	ス	セ
6	8	1	2	3	5	8	0	2	5	2	1	3	2

ソ	タ	チ	ツ	テ	ト	ナ	ニ
3	1	2	2	5	4	5	5

23

ア	イ	ウ	エ	オ	カ	キ	ク	ケ	コ	サ	シ	ス	セ	ソ
0	5	4	6	1	3	1	9	2	8	8	4	0	5	5

(ア・イは順不同)

24

ア	イ	ウ	エ	オ	カ	キ	ク	ケ	コ	サ	シ	ス	セ	ソ
2	5	3	2	0	9	1	0	9	0	4	5	8	5	3

タ
1

F*inal Step*

1

ア	イ	ウ	エ	オ	カ	キ	ク	ケ	コ	サ	シ	ス
2	5	2	5	6	5	4	5	6	5	2	6	3

2

ア	イ	ウ	エ	オ	カ	キ	ク	ケ	コ	サ	シ	ス	セ	ソ
0	5	3	4	0	2	0	0	8	9	3	7	5	5	1

タ	チ	ツ	テ	ト
4	1	9	7	3

3

ア	イ	ウ	エ	オ	カ	キ	ク	ケ	コ	サ	シ
−	3	4	2	4	0	1	1	2	0	1	0

ス	セ	ソ	タ	チ	ツ	テ	ト	ナ	ニ	ヌ	ネ	ノ	ハ
1	5	1	6	−	9	−	8	6	7	−	3	2	4

ヒ	フ	ヘ	ホ
1	4	1	4

（ヒ・フは順不同）

4

ア	イ	ウ	エ	オ	カ	キ	ク	ケ	コ	サ	シ	ス	セ	ソ
2	−	2	4	4	2	0	0	2	2	0	4	4	0	3

5

ア	イ	ウ	エ	オ	カ	キ	ク	ケ	コ	サ	シ	ス	セ	ソ
2	3	4	3	3	2	1	2	−	1	2	3	−	1	8

タ	チ	ツ	テ	ト	ナ
5	6	8	6	8	2

（サ・シは順不同）

6

ア	イ	ウ	エ	オ	カ	キ	ク	ケ	コ	サ
2	5	7	8	3	0	1	4	2	3	5

シ	ス	セ	ソ	タ
3	0	6	5	5

（キ・ク，ケ・コはそれぞれ順不同）

7

ア	イ	ウ	エ	オ	カ	キ	ク	ケ	コ	サ	シ	ス	セ
4	5	1	2	1	2	2	0	1	3	2	2	0	3

8

ア	イ	ウ	エ	オ	カ	キ	ク	ケ	コ	サ
1	2	3	2	0	1	6	5	8	1	1

（オ・カは順不同）

9

ア	イ	ウ	エ	オ	カ
1	3	1	4	5	2

（ア・イは順不同）

10

ア	イ	ウ	エ	オ	カ	キ	ク	ケ	コ	サ	シ	ス	セ	ソ
3	3	4	3	1	0	3	1	5	2	1	1	7	3	0

タ	チ	ツ	テ	ト	ナ
4	3	4	8	9	0

（イ・ウは順不同）

11

ア	イ	ウ	エ	オ	カ	キ	ク	ケ	コ	サ	シ	ス	セ
3	8	4	9	3	2	1	2	7	5	9	3	2	3

ソ	タ	チ	ツ	テ
7	5	5	9	1

12

ア	イ	ウ	エ	オ	カ	キ	ク	ケ	コ	サ	シ	ス	セ	ソ
3	2	3	5	2	2	5	5	5	5	4	1	5	5	2

タ
1

13

ア	イ	ウ	エ	オ	カ	キ	ク	ケ	コ	サ	シ	ス	セ
1	2	2	1	3	2	2	3	4	3	2	1	3	6

ソ	タ	チ	ツ	テ	ト	ナ	ニ	ヌ
1	3	4	4	4	1	5	1	3

14

ア	イ	ウ	エ	オ	カ	キ	ク	ケ
0	7	5	2	3	3	4	3	6

（ア・イ，エ・オはそれぞれ順不同）

三角比の表

角	sin	cos	tan	角	sin	cos	tan
0°	0.0000	1.0000	0.0000	45°	0.7071	0.7071	1.0000
1°	0.0175	0.9998	0.0175	46°	0.7193	0.6947	1.0355
2°	0.0349	0.9994	0.0349	47°	0.7314	0.6820	1.0724
3°	0.0523	0.9986	0.0524	48°	0.7431	0.6691	1.1106
4°	0.0698	0.9976	0.0699	49°	0.7547	0.6561	1.1504
5°	0.0872	0.9962	0.0875	50°	0.7660	0.6428	1.1918
6°	0.1045	0.9945	0.1051	51°	0.7771	0.6293	1.2349
7°	0.1219	0.9925	0.1228	52°	0.7880	0.6157	1.2799
8°	0.1392	0.9903	0.1405	53°	0.7986	0.6018	1.3270
9°	0.1564	0.9877	0.1584	54°	0.8090	0.5878	1.3764
10°	0.1736	0.9848	0.1763	55°	0.8192	0.5736	1.4281
11°	0.1908	0.9816	0.1944	56°	0.8290	0.5592	1.4826
12°	0.2079	0.9781	0.2126	57°	0.8387	0.5446	1.5399
13°	0.2250	0.9744	0.2309	58°	0.8480	0.5299	1.6003
14°	0.2419	0.9703	0.2493	59°	0.8572	0.5150	1.6643
15°	0.2588	0.9659	0.2679	60°	0.8660	0.5000	1.7321
16°	0.2756	0.9613	0.2867	61°	0.8746	0.4848	1.8040
17°	0.2924	0.9563	0.3057	62°	0.8829	0.4695	1.8807
18°	0.3090	0.9511	0.3249	63°	0.8910	0.4540	1.9626
19°	0.3256	0.9455	0.3443	64°	0.8988	0.4384	2.0503
20°	0.3420	0.9397	0.3640	65°	0.9063	0.4226	2.1445
21°	0.3584	0.9336	0.3839	66°	0.9135	0.4067	2.2460
22°	0.3746	0.9272	0.4040	67°	0.9205	0.3907	2.3559
23°	0.3907	0.9205	0.4245	68°	0.9272	0.3746	2.4751
24°	0.4067	0.9135	0.4452	69°	0.9336	0.3584	2.6051
25°	0.4226	0.9063	0.4663	70°	0.9397	0.3420	2.7475
26°	0.4384	0.8988	0.4877	71°	0.9455	0.3256	2.9042
27°	0.4540	0.8910	0.5095	72°	0.9511	0.3090	3.0777
28°	0.4695	0.8829	0.5317	73°	0.9563	0.2924	3.2709
29°	0.4848	0.8746	0.5543	74°	0.9613	0.2756	3.4874
30°	0.5000	0.8660	0.5774	75°	0.9659	0.2588	3.7321
31°	0.5150	0.8572	0.6009	76°	0.9703	0.2419	4.0108
32°	0.5299	0.8480	0.6249	77°	0.9744	0.2250	4.3315
33°	0.5446	0.8387	0.6494	78°	0.9781	0.2079	4.7046
34°	0.5592	0.8290	0.6745	79°	0.9816	0.1908	5.1446
35°	0.5736	0.8192	0.7002	80°	0.9848	0.1736	5.6713
36°	0.5878	0.8090	0.7265	81°	0.9877	0.1564	6.3138
37°	0.6018	0.7986	0.7536	82°	0.9903	0.1392	7.1154
38°	0.6157	0.7880	0.7813	83°	0.9925	0.1219	8.1443
39°	0.6293	0.7771	0.8098	84°	0.9945	0.1045	9.5144
40°	0.6428	0.7660	0.8391	85°	0.9962	0.0872	11.4301
41°	0.6561	0.7547	0.8693	86°	0.9976	0.0698	14.3007
42°	0.6691	0.7431	0.9004	87°	0.9986	0.0523	19.0811
43°	0.6820	0.7314	0.9325	88°	0.9994	0.0349	28.6363
44°	0.6947	0.7193	0.9657	89°	0.9998	0.0175	57.2900
45°	0.7071	0.7071	1.0000	90°	1.0000	0.0000	—

平方根の表

n	$\sqrt{n}$
1	1.000
2	1.414
3	1.732
4	2.000
5	2.236
6	2.449
7	2.646
8	2.828
9	3.000
10	3.162
11	3.317
12	3.464
13	3.606
14	3.742
15	3.873
16	4.000
17	4.123
18	4.243
19	4.359
20	4.472
21	4.583
22	4.690
23	4.796
24	4.899
25	5.000
26	5.099
27	5.196
28	5.292
29	5.385
30	5.477
31	5.568
32	5.657
33	5.745
34	5.831
35	5.916
36	6.000
37	6.083
38	6.164
39	6.245
40	6.325
41	6.403
42	6.481
43	6.557
44	6.633
45	6.708
46	6.782
47	6.856
48	6.928
49	7.000
50	7.071

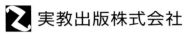 実教出版株式会社

短期集中ゼミ

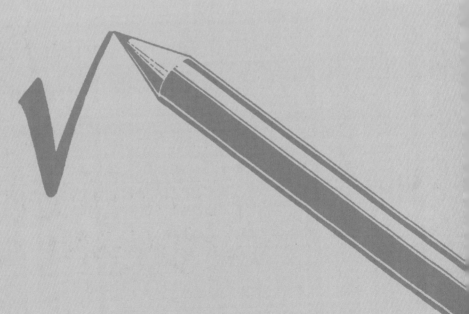

1st Step ファーストステップ

数学I 1 数と式

1 (1) $(2a+3b)^2(2a-3b)^2$
$=\{(2a+3b)(2a-3b)\}^2$
$=(4a^2-9b^2)^2$
$=\boxed{16}a^4-\boxed{72}a^2b^2+\boxed{81}b^4$

(2) $(x^2+2x-3)(x^2-2x+3)$
$=\{x^2+(2x-3)\}\{x^2-(2x-3)\}$ …①
$2x-3=A$ とおくと
①$=(x^2+A)(x^2-A)$
$=x^4-A^2$
$=x^4-(2x-3)^2$
$=x^4-(4x^2-12x+9)$
$=x^4-\boxed{4}x^2+\boxed{12}x-\boxed{9}$

2 (1) $10x^2+9x-36$
$=(\boxed{2}x-\boxed{3})(\boxed{5}x+\boxed{12})$

$$\begin{array}{cc} 2 & -3\cdots\cdots-15 \\ 5 & 12\cdots\cdots\ 24 \\ \hline & 9 \end{array}$$

(2) $a^2b+b^2c-b^3-a^2c$
$=(b^2-a^2)c+b(a^2-b^2)$
$=(a^2-b^2)(b-c)$
$=(\boxed{a}+\boxed{b})(a-b)(\boxed{b}-\boxed{c})$

3 (1) $a=\dfrac{4}{3-\sqrt{5}}=\dfrac{4(3+\sqrt{5})}{(3-\sqrt{5})(3+\sqrt{5})}$
$=\dfrac{4(3+\sqrt{5})}{9-5}=\boxed{3}+\sqrt{\boxed{5}}$

$a^4-6a^3+4a^2=a^2(a^2-6a+4)$
ここで, $a-3=\sqrt{5}$
$(a-3)^2=(\sqrt{5})^2$
$a^2-6a+9=5$
$a^2-6a+4=0$
よって $a^4-6a^3+4a^2=\boxed{0}$

(2) $a+b=(1+\sqrt{2}-\sqrt{3})+(1-\sqrt{2}+\sqrt{3})$
$=2$
$a-b=(1+\sqrt{2}-\sqrt{3})-(1-\sqrt{2}+\sqrt{3})$
$=2(\sqrt{2}-\sqrt{3})$

よって,
$a^2-b^2=(a+b)(a-b)=2\cdot 2(\sqrt{2}-\sqrt{3})$
$=\boxed{4}(\sqrt{\boxed{2}}-\sqrt{\boxed{3}})$

4 $\dfrac{12}{\sqrt{5}+1}=\dfrac{12(\sqrt{5}-1)}{(\sqrt{5}+1)(\sqrt{5}-1)}$
$=\dfrac{12(\sqrt{5}-1)}{4}=\boxed{3}\sqrt{5}-\boxed{3}$

$3\sqrt{5}=\sqrt{45}$ は $\sqrt{36}<\sqrt{45}<\sqrt{49}$ より
$6<\sqrt{45}<7$
各辺に -3 を加えて
$3<3\sqrt{5}-3<4$
よって, 整数部分は $a=\boxed{3}$
小数部分は $b=3\sqrt{5}-3-3$
$=\boxed{3}\sqrt{5}-\boxed{6}$

5 $x+y=(\sqrt{3}-\sqrt{6})+(\sqrt{3}+\sqrt{6})=2\sqrt{3}$
$xy=(\sqrt{3}-\sqrt{6})(\sqrt{3}+\sqrt{6})=-3$
$x^2+y^2=(x+y)^2-2xy$
$=(2\sqrt{3})^2-2\cdot(-3)=\boxed{18}$
$\dfrac{y}{x}+\dfrac{x}{y}=\dfrac{x^2+y^2}{xy}=\dfrac{18}{-3}=\boxed{-6}$
$x^4-2x^2y^2+y^4=(x^2-y^2)^2$
$=\{(x+y)(x-y)\}^2$ …①
ここで, $x-y=(\sqrt{3}-\sqrt{6})-(\sqrt{3}+\sqrt{6})$
$=-2\sqrt{6}$
だから, ①$=\{2\sqrt{3}\cdot(-2\sqrt{6})\}^2=\boxed{288}$

別解
$x^4-2x^2y^2+y^4=(x^2+y^2)^2-4x^2y^2$
$=18^2-4\cdot(-3)^2=324-36=\boxed{288}$

6 $(a+b+c)^2$
$=a^2+b^2+c^2+2(ab+bc+ca)$
だから
$6^2=14+2(ab+bc+ca)$
よって, $ab+bc+ca=\boxed{11}$
$a^2b^2+b^2c^2+c^2a^2$
$=(ab+bc+ca)^2-2abc(a+b+c)$
$=11^2-2\cdot 6\cdot 6=\boxed{49}$

$(a+b+c)(a^2+b^2+c^2-ab-bc-ca)$
$=a^3+ab^2+ac^2-a^2b-abc-a^2c$
$\quad+a^2b+b^3+bc^2-ab^2-b^2c-abc$
$\quad+a^2c+b^2c+c^3-abc-bc^2-ac^2$
$=a^3+b^3+c^3-3abc$
だから
$\quad 6\cdot(14-11)=a^3+b^3+c^3-3\cdot6$
$\qquad\qquad 18=a^3+b^3+c^3-18$
よって，$a^3+b^3+c^3=\boxed{36}$

7　$x^2-18x+36=0$
$\quad x=9\pm\sqrt{(-9)^2-36}=9\pm\sqrt{45}$
$\qquad=\boxed{9}\pm\boxed{3}\sqrt{\boxed{5}}$
$x-1<\sqrt{2}(x-3)$ の解は
$\quad(1-\sqrt{2})x<1-3\sqrt{2}$
$1-\sqrt{2}<0$ だから
$\quad x>\dfrac{1-3\sqrt{2}}{1-\sqrt{2}}=\dfrac{(1-3\sqrt{2})(1+\sqrt{2})}{(1-\sqrt{2})(1+\sqrt{2})}$
$\qquad=\dfrac{-5-2\sqrt{2}}{1-2}=5+2\sqrt{2}$　……①
$2\sqrt{2}=\sqrt{8}$ は $\sqrt{4}<\sqrt{8}<\sqrt{9}$ より
$\quad 2<2\sqrt{2}<3$
$\quad$よって，$7<5+2\sqrt{2}<8$
$x^2-18x+36<0$ の解は
$\quad 9-3\sqrt{5}<x<9+3\sqrt{5}$　……②
$3\sqrt{5}=\sqrt{45}$ は $\sqrt{36}<\sqrt{45}<\sqrt{49}$ より
$\quad 6<3\sqrt{5}<7$
よって，$2<9-3\sqrt{5}<3,\ 15<9+3\sqrt{5}<16$
以上より，①と②を数直線上に表す。

$9-3\sqrt{5}$　$5+2\sqrt{2}$　$9+3\sqrt{5}$

図より，①，②を満たす整数は $8, 9, 10, \cdots, 15$ の
$\boxed{8}$ 個ある。

8　$x^2-2(k-1)x+2(k^2-1)=0$
判別式を D とおくと
$\quad\dfrac{D}{4}=(k-1)^2-2(k^2-1)$
$\qquad=k^2-2k+1-2k^2+2$
$\qquad=-k^2-2k+3$
$\qquad=-(k+3)(k-1)>0$
だから　$(k+3)(k-1)<0$
$\quad$よって，$\boxed{-3}<k<\boxed{1}$

$D=0$ より　$k=-3,\ 1$
$k=-3$ のとき
$\quad x^2+8x+16=0$
$\qquad(x+4)^2=0$　より　$x=-4$
$k=1$ のとき
$\quad x^2=0$　より　$x=0$
よって，$k=\boxed{-3}$ のとき $x=\boxed{-4}$
$\qquad\quad k=\boxed{1}$ のとき $x=\boxed{0}$

9　$x^2-ax+b+1=0$ に $x=2$ を代入して
$\quad 5-2a+b=0$
よって，$b=\boxed{2}a-\boxed{5}$
このとき
$\quad x^2-ax+2a-4=0$
$\quad(x-2)(x-a+2)=0$
よって，もう一方の解は　$x=a-\boxed{2}$
また，$x=a-2>2$
よって，$a>4$
これを満たす最小の自然数は $a=\boxed{5}$

10　$|2x-3|>5$ より
$\quad 2x-3<-5,\ 5<2x-3$
よって，$x<\boxed{-1},\ \boxed{4}<x$　……①
$|x-a|<3$ より
$\quad-3<x-a<3$
よって，$a-\boxed{3}<x<\boxed{a}+3$　……②

②の解が①の解に含まれるのは
(i)のとき
$\quad a+3\leqq-1$ より　$a\leqq-4$
(ii)のとき
$\quad a-3\geqq4$ より　$a\geqq7$
よって，$a\leqq\boxed{-4}$ または $\boxed{7}\leqq a$

11　$2ax>a^2-3$ の解が $x<-1$ となるのは
a が負　すなわち $a<0$ のときだから
$\quad x<\dfrac{a^2-3}{2a}\Longleftrightarrow x<-1$
つまり　$\dfrac{a^2-3}{2a}=-1$
$\qquad\quad a^2-3=-2a$
$\quad(a+3)(a-1)=0$
よって，$a=\boxed{-3}$　$(a<0$ より，$a\neq1)$

12

$x^2 - 2nx + n^2 - 9 < 0$

$x^2 - 2nx + (n+3)(n-3) < 0$

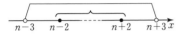

$$1 \quad\diagdown\quad -(n+3) \cdots\cdots -n-3$$
$$1 \quad\diagup\quad -(n-3) \cdots\cdots -n+3$$
$$\overline{\hspace{5cm}}$$
$$-2n$$

より $(x-n-3)(x-n+3) < 0$

$n-3 < n+3$ だから

$\boxed{n-3} < x < \boxed{n+3}$

これを満たす整数は

$(n+2) - (n-2) + 1 = \boxed{5}$ （個）

$$\begin{array}{c}
\overbrace{\hspace{6cm}} \\
\underset{n-3}{\circ} \quad \underset{n-2}{\bullet} \cdots\cdots \underset{n+2}{\bullet} \quad \underset{n+3}{\circ} \quad x
\end{array}$$

数学I 2 集合と論証

13 (1)
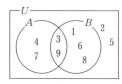

ベン図に要素をかくと上図のようになる。
よって，$\overline{A}=\{\boxed{1, 2, 5, 6, 8}\}$
$\overline{A}\cap B=\{\boxed{1, 6, 8}\}$
$\overline{A}\cap\overline{B}=\overline{A\cup B}=\{\boxed{2, 5}\}$
$\overline{A}\cup\overline{B}=\overline{A\cap B}=\{\boxed{1, 2, 4, 5, 6, 7, 8}\}$

(2)
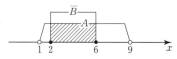

上図より
$A\cap\overline{B}=\{\boxed{x\,|\,2\leqq x\leqq 6}\}$

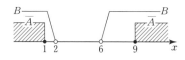

上図より
$\overline{A}\cap B=\{\boxed{x\,|\,x\leqq 1,\ 9\leqq x}\}$

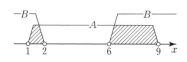

上図より
$\{x\,|\,1<x<2,\ 6<x<9\}=\boxed{A\cap\overline{B}}$
$\{x\,|\,x\leqq 1,\ 2\leqq x\leqq 6,\ 9\leqq x\}=\boxed{\overline{A}\cap B}$

別解

$\overline{A\cap B}=\overline{A}\cup\overline{B}$ だから
$\{x\,|\,x\leqq 1,\ 2\leqq x\leqq 6,\ 9\leqq x\}=\boxed{\overline{A}\cup\overline{B}}$
としてもよい。

14 (1) $a=3$ のとき，集合 A は
$x^2+x-2>0$
$(x+2)(x-1)>0$
$x<-2,\ 1<x$
集合 B は
$(x-2k)(x-3k)\leqq 0$ より
(i) $k\geqq 0$ のとき $2k\leqq x\leqq 3k$
(ii) $k<0$ のとき $3k\leqq x\leqq 2k$
$B\subset A$ となるのは
(i)のとき

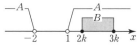

$1<2k$ より $k>\dfrac{1}{2}$

(ii)のとき

$2k<-2$ より $k<-1$

よって，$k<\boxed{-1}$ または $\boxed{\dfrac{1}{2}}<k$

$A\cap B=\varnothing$ となるのは
(i)のとき
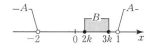

$0\leqq 2k,\ 3k\leqq 1$ より $0\leqq k\leqq\dfrac{1}{3}$

(ii)のとき
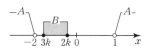

$-2\leqq 3k,\ 2k<0$ より $-\dfrac{2}{3}\leqq k<0$

よって，$\boxed{-\dfrac{2}{3}}\leqq k\leqq\boxed{\dfrac{1}{3}}$

A が実数全体の集合となるのは，すべての実数 x で
$x^2+(a-2)x+4-2a>0$
となるときである。
$x^2+(a-2)x+4-2a=0$ の判別式を D とすると
x^2 の係数が1で正だから
$D=(a-2)^2-4(4-2a)<0$
$a^2+4a-12<0$
$(a+6)(a-2)<0$
よって，$\boxed{-6}<a<\boxed{2}$

(2) $P,\ Q,\ R$ の要素を書き並べてみると
$P=\{2,\ 4,\ 6,\ 8,\ 10,\ 12,\ 14,\ \cdots\}$
$Q=\{1,\ 4,\ 7,\ 10,\ 13,\ 16,\ 19,\ \cdots\}$
$R=\{2,\ 6,\ 10,\ 14,\ 18,\ 22,\ \cdots\}$

P と Q の関係は下図より （ ⓪ ）

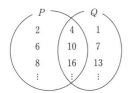

P と R の関係は下図より （ ③ ）

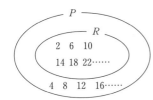

P, Q, R の関係は下図より （ ⑦ ）

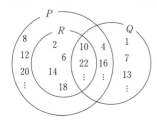

15 (1) (ア) 「$x^2=y^2$ ならば $x=y$」は

⓪ である。（反例 $x=1,\ y=-1$）

(イ) 「$x+y>5$ ならば $x>3$ または $y>2$」

の対偶は

「$x\leqq3$ かつ $y\leqq2$ ならば $x+y\leqq5$」

対偶が真なので，命題は ① である。

(ウ) 「$xy=0$ ならば $x^2+y^2=0$」は

⓪ である。（反例 $x=0,\ y=1$）

(2) 「$ab=1$ ならば $a\neq0$ かつ $b\neq0$」の

逆は

「$a\neq0$ かつ $b\neq0$ ならば $ab=1$」：②

裏は

「$ab\neq1$ ならば $a=0$ または $b=0$」：①

対偶は

「$a=0$ または $b=0$ ならば $ab\neq1$」：④

真偽を調べると

逆は偽 ⑥ （反例 $a=1,\ b=2$）

裏は偽 ⑥ （反例 $a=1,\ b=2$）

対偶は真 ⑦

16 (1) $x^2-8x+15\geqq0$

$(x-3)(x-5)\geqq0$

$x\leqq3,\ 5\leqq x$ ……①

$x^2-3x+1\leqq0$ より

$\dfrac{3-\sqrt{5}}{2}\leqq x\leqq\dfrac{3+\sqrt{5}}{2}$ ……②

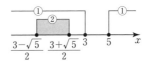

$x^2-8x+15\geqq0 \underset{\times}{\overset{○}{\rightleftarrows}} x^2-3x+1\leqq0$

よって，**必要条件であるが十分条件でない。**

①

(2) 「$x>1$ かつ $y>1$」

$\underset{\times}{\overset{○}{\rightleftarrows}}$ 「$x+y>2$ かつ $xy>1$」

$\left(\overset{\times}{\leftarrow}\ \text{の反例}\ x=10,\ y=\dfrac{1}{2}\right)$

よって，**十分条件であるが必要条件でない。**

②

(3) $|a+b|=|a-b|$ の両辺を 2 乗して

$|a+b|^2=|a-b|^2$

$a^2+2ab+b^2=a^2-2ab+b^2$

$ab=0$

逆も成り立つので

$|a+b|=|a-b|\Longleftrightarrow ab=0$

よって，**必要十分条件である。** ⓪

(4) mn が奇数のとき，

「m, n がともに奇数」だから，

mn が奇数 $\underset{○}{\overset{○}{\rightleftarrows}}$ 「m, n がともに奇数」

よって，**必要十分条件である。** ⓪

数学Ⅰ 3 2次関数

17 (1) $y=\dfrac{1}{8}x^2-3x+10$

$\qquad =\dfrac{1}{8}(x^2-24x)+10$

$\qquad =\dfrac{1}{8}\{(x-12)^2-144\}+10$

$\qquad =\dfrac{1}{8}(x-12)^2-8$

よって，頂点の座標は $(\boxed{12},\ \boxed{-8})$

(2) $y=-4x^2+4(a-1)x-a^2$

$\qquad =-4\{x^2-(a-1)x\}-a^2$

$\qquad =-4\left\{\left(x-\dfrac{a-1}{2}\right)^2-\left(\dfrac{a-1}{2}\right)^2\right\}-a^2$

$\qquad =-4\left(x-\dfrac{a-1}{2}\right)^2-2a+1$

よって，頂点の座標は

$\left(\boxed{\dfrac{1}{2}}a-\boxed{\dfrac{1}{2}},\ -\boxed{2}a+\boxed{1}\right)$

18 (1) 頂点が $(-1,\ -6)$ だから

$y=a(x+1)^2-6$ とおく。

$(1,\ 2)$ を通るから

$\qquad 2=a(1+1)^2-6$

$\qquad 4a=8$ より $a=2$

このとき

$\qquad y=2(x+1)^2-6=2x^2+4x-4$

よって，$a=\boxed{2}$，$b=\boxed{4}$，$c=\boxed{-4}$

(2) 頂点が $(3,\ c)$ だから

$y=2(x-3)^2+c$ とおく。

点 $(-1,\ 4)$ を通るから

$\qquad 4=2(-1-3)^2+c$

$\qquad c=-28$

このとき

$\qquad y=2(x-3)^2-28=2x^2-12x-10$

よって，$a=\boxed{-12}$，$b=\boxed{-10}$，$c=\boxed{-28}$

別解

$y=2x^2+ax+b$

$\qquad =2\left(x+\dfrac{a}{4}\right)^2-\dfrac{a^2}{8}+b$

頂点は $\left(-\dfrac{a}{4},\ -\dfrac{a^2}{8}+b\right)$ だから

$-\dfrac{a}{4}=3\quad\cdots①,\quad -\dfrac{a^2}{8}+b=c\quad\cdots②$

①より $a=\boxed{-12}\quad\cdots①'$

放物線は点 $(-1,\ 4)$ を通るから

$\qquad 4=2-a+b$

$\qquad b=a+2$

①′ を代入して $b=\boxed{-10}\quad\cdots③$

①′，③を②に代入すると

$\qquad c=-\dfrac{1}{8}(-12)^2+(-10)$

$\qquad =-18-10=\boxed{-28}$

19 $y=2x^2-3x+2$

$\qquad =2\left(x^2-\dfrac{3}{2}x\right)+2$

$\qquad =2\left\{\left(x-\dfrac{3}{4}\right)^2-\left(\dfrac{3}{4}\right)^2\right\}+2$

$\qquad =2\left(x-\dfrac{3}{4}\right)^2+\dfrac{7}{8}$

よって，頂点は $\left(\boxed{\dfrac{3}{4}},\ \boxed{\dfrac{7}{8}}\right)$

この放物線を x 軸方向に 1，y 軸方向に -4 だけ平行移動すると，頂点は $\left(\dfrac{7}{4},\ -\dfrac{25}{8}\right)$ に移る。

よって

$\qquad y=2\left(x-\dfrac{7}{4}\right)^2-\dfrac{25}{8}$

$\qquad =2x^2-\boxed{7}x+\boxed{3}$

別解

平行移動は $x\to x-1$，$y\to y+4$ を代入して

$\qquad y+4=2(x-1)^2-3(x-1)+2$

よって，$y=2x^2-\boxed{7}x+\boxed{3}$

20 $y=2x^2$ を x 軸方向に 1，y 軸方向に -3 だけ平行移動し，x 軸に関して対称移動したものが $y=ax^2+bx+c$ になったと考える。

x 軸方向に 1，y 軸方向に -3 だけ平行移動すると，$y=2x^2$ の頂点 $(0,\ 0)$ は，$(1,\ -3)$ に，x 軸に関して対称移動すると $(1,\ -3)$ は $(1,\ 3)$ に移る。よって

$\qquad y=-2(x-1)^2+3$

$\qquad =-2x^2+4x+1$

これが $y=ax^2+bx+c$ と等しいから

$\qquad a=\boxed{-2}$，$b=\boxed{4}$，$c=\boxed{1}$

別解

x 軸に関して対称移動すると

$\qquad y=-ax^2-bx-c$

x 軸方向に -1，y 軸方向に 3 の平行移動は $x\to x+1$，$y\to y-3$ を代入して

$\qquad y-3=-a(x+1)^2-b(x+1)-c$

$$y=-ax^2-(2a+b)x-a-b-c+3$$

これが $y=2x^2$ と等しいから

$$-a=2,\quad -2a-b=0,$$
$$-a-b-c+3=0$$

これより $a=\boxed{-2}$, $b=\boxed{4}$, $c=\boxed{1}$

21 (1) $y=-x^2+(2a-5)x-2a^2+5a+3$

$$=-\left(x-\frac{2a-5}{2}\right)^2+\left(\frac{2a-5}{2}\right)^2$$
$$\qquad\qquad\qquad -2a^2+5a+3$$
$$=-\left(x-\frac{2a-5}{2}\right)^2+\frac{-4a^2+37}{4}$$

これより，頂点の座標は

$$\left(\frac{2a-\boxed{5}}{2},\ \frac{-4a^2+\boxed{37}}{4}\right)$$

(2) グラフは上に凸だから，x 軸と交わるためには

$$\frac{-4a^2+37}{4}>0$$
$$4a^2-37<0$$

よって，$-\dfrac{\sqrt{\boxed{37}}}{2}<a<\dfrac{\sqrt{\boxed{37}}}{2}$ ……①

このとき，交点の x 座標は

$$-x^2+(2a-5)x-2a^2+5a+3=0$$
$$x^2-(2a-5)x+2a^2-5a-3=0$$
$$x=\frac{2a-5\pm\sqrt{\boxed{-4}a^2+\boxed{37}}}{2}\quad\cdots②$$

(3) (2)より $-\dfrac{\sqrt{37}}{2}<a<\dfrac{\sqrt{37}}{2}$

ここで $6<\sqrt{37}<7$ であり，a は整数だから

$$-3\leqq a\leqq 3$$

$a=\pm3,\ \pm2,\ \pm1,\ 0$ のうち，②が整数となるのは

$$a=\boxed{3},\ \boxed{-3}$$

$a=-3$ のとき，②に代入して，

$$x=\frac{2\cdot(-3)-5\pm\sqrt{-4\cdot(-3)^2+37}}{2}$$
$$=\frac{-11\pm1}{2}=\boxed{-5},\ \boxed{-6}$$

22 $y=ax^2-4ax+a^2+7a-4$ が点 $(3,\ 8)$ を通るから

$$8=9a-12a+a^2+7a-4$$
$$a^2+4a-12=0$$
$$(a+6)(a-2)=0$$

よって，$a=-6,\ 2$

$a=\boxed{-6}$ の場合

$$y=-6x^2+24x-10$$
$$=-6(x-2)^2+14$$

よって，$x=\boxed{2}$ のとき最大値 $\boxed{14}$

$a=\boxed{2}$ の場合

$$y=2x^2-8x+14$$
$$=2(x-2)^2+6$$

よって，$x=\boxed{2}$ のとき最小値 $\boxed{6}$

23 $y=-2x^2-ax-a-1$

$$=-2\left(x+\frac{a}{4}\right)^2+\frac{a^2}{8}-a-1$$

よって，$x=\boxed{-\dfrac{1}{4}}a$ のとき

最大値 $\boxed{\dfrac{1}{8}}a^2-a-\boxed{1}$ となる。

最大値 M は

$$M=\frac{1}{8}a^2-a-1$$
$$=\boxed{\frac{1}{8}}(a-\boxed{4})^2-\boxed{3}$$

下のグラフより

$$\boxed{-3}\leqq M\leqq\boxed{-1}$$

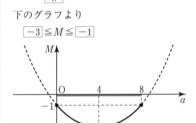

24 (1) $f(x)=2x^2-6x$

$$=2\left(x-\frac{3}{2}\right)^2-\frac{9}{2}$$

よって，頂点は $\left(\boxed{\dfrac{3}{2}},\ \boxed{-\dfrac{9}{2}}\right)$

$$f(-1)=f(a)\ \text{より}$$
$$8=2a^2-6a$$
$$a^2-3a-4=0$$
$$(a+1)(a-4)=0$$

$a\neq-1$ だから $a=\boxed{4}$

(2)

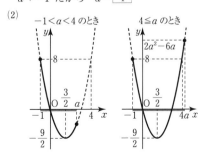

最大値は

$-1<a<\boxed{4}$ のとき

$\quad f(-1)=\boxed{8}$

$\boxed{4}\leqq a$ のとき

$\quad f(a)=\boxed{2}a^2-\boxed{6}a$

$-1<a<\dfrac{3}{2}$ のとき　　　$\dfrac{3}{2}\leqq a$ のとき

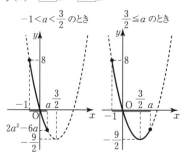

最小値は

$-1<a<\boxed{\dfrac{3}{2}}$ のとき

$\quad f(a)=\boxed{2}a^2-\boxed{6}a$

$\boxed{\dfrac{3}{2}}\leqq a$ のとき

$\quad f\left(\dfrac{3}{2}\right)=\boxed{-\dfrac{9}{2}}$

25 $\quad y=-x^2+ax$

$\qquad =-\left(x-\dfrac{a}{2}\right)^2+\dfrac{a^2}{4}$

よって，頂点は $\left(\boxed{\dfrac{1}{2}}a,\ \boxed{\dfrac{1}{4}}a^2\right)$

$\dfrac{a}{2}<-2$ すなわち $a<\boxed{-4}$ のとき

$x=-2$ で最大値 $\boxed{-2}a-\boxed{4}$

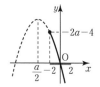

$-2\leqq\dfrac{a}{2}\leqq 2$ すなわち $\boxed{-4}\leqq a\leqq\boxed{4}$ のとき

$x=\dfrac{a}{2}$ で最大値 $\boxed{\dfrac{1}{4}}a^2$

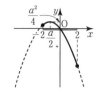

$2<\dfrac{a}{2}$ すなわち $\boxed{4}<a$ のとき

$x=2$ で最大値 $\boxed{2}a-\boxed{4}$

26 $f(x)=x^2-4x+2a-7$ とおいて

$y=f(x)$ のグラフで考えると，軸が $x=2>1$ だから

$\quad f(-1)\cdot f(1)<0$ であればよい。

$\quad f(-1)=2a-2,\ f(1)=2a-10$ より

$\quad (2a-2)(2a-10)<0$

$\quad 4(a-1)(a-5)<0$

よって，$\boxed{1}<a<\boxed{5}$

27 $f(x)=x^2-3ax+a^2-1$ とおいて

$y=f(x)$ のグラフで考えると

$\quad f(3)<0$ であればよい。

$\quad f(3)=9-9a+a^2-1$

$\qquad =a^2-9a+8$

$\qquad =(a-1)(a-8)<0$

よって，$\boxed{1}<a<\boxed{8}$

また，正の解と負の解をもつのは

$\quad f(0)<0$ ならばよいから

$\quad f(0)=a^2-1=(a+1)(a-1)<0$

よって，$\boxed{-1}<a<\boxed{1}$

28 $y=f(x)$ のグラフは次のようになればよい。

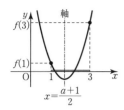

$$f(x)=x^2-(a+1)x+a+1=0$$
$$D=(a+1)^2-4(a+1)>0$$
$$a^2-2a-3>0$$
$$(a+1)(a-3)>0$$

よって，$a<\boxed{-1}$，$\boxed{3}<a$ ……①

軸は $x=\dfrac{a+1}{2}$ だから

$$1<\frac{a+1}{2}<3 \quad より \quad 2<a+1<6$$

よって，$\boxed{1}<a<\boxed{5}$ ……②

$$f(1)=1-(a+1)+a+1=1>0$$

これは常に成り立つ。

$$f(3)=9-3(a+1)+a+1>0$$
$$-2a+7>0$$

よって，$a<\boxed{\dfrac{7}{2}}$ ……③

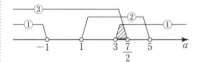

ゆえに，共通範囲は $\boxed{3}<a<\boxed{\dfrac{7}{2}}$

数学I 4 図形と計量

29 $\sin 30° = \dfrac{\text{AD}}{\text{AC}}$ より

$\quad \text{AD} = \text{AC}\sin 30° = 6 \cdot \dfrac{1}{2} = \boxed{3}$

$\tan\theta = \dfrac{\text{BD}}{\text{AD}}$ より

$\quad \text{BD} = \text{AD}\tan\theta = 3 \cdot 3 = \boxed{9}$

$\cos 30° = \dfrac{\text{DC}}{\text{AC}}$ より

$\quad \text{DC} = \text{AC}\cos 30° = 6 \cdot \dfrac{\sqrt{3}}{2} = 3\sqrt{3}$

よって，$\text{BC} = \text{BD} + \text{DC}$

$\quad = \boxed{9} + \boxed{3}\sqrt{\boxed{3}}$

30 (1) $90° \leqq \theta \leqq 180°$ より $\cos\theta \leqq 0$

$\cos\theta = -\sqrt{1 - \sin^2\theta}$

$\quad = -\sqrt{1 - \left(\dfrac{\sqrt{7}}{5}\right)^2}$

$\quad = -\sqrt{1 - \dfrac{7}{25}} = \boxed{-\dfrac{3\sqrt{2}}{5}}$

$\tan\theta = \dfrac{\sin\theta}{\cos\theta} = \dfrac{\sqrt{7}}{5} \div \left(-\dfrac{3\sqrt{2}}{5}\right)$

$\quad = \dfrac{\sqrt{7}}{5} \times \left(-\dfrac{5}{3\sqrt{2}}\right)$

$\quad = -\dfrac{\sqrt{7}}{3\sqrt{2}} = \boxed{-\dfrac{\sqrt{14}}{6}}$

(2) $1 + \tan^2\theta = \dfrac{1}{\cos^2\theta}$ より

$1 + \left(-\dfrac{1}{\sqrt{2}}\right)^2 = \dfrac{1}{\cos^2\theta}$

$\dfrac{3}{2} = \dfrac{1}{\cos^2\theta}$ よって，$\cos^2\theta = \dfrac{2}{3}$

$0° \leqq \theta \leqq 180°$ で $\tan\theta < 0$ だから

$\cos\theta < 0,\ \sin\theta > 0$

よって，$\cos\theta = -\sqrt{\dfrac{2}{3}} = \boxed{-\dfrac{\sqrt{6}}{3}}$

$\sin\theta = \sqrt{1 - \cos^2\theta}$

$\quad = \sqrt{1 - \left(-\dfrac{\sqrt{6}}{3}\right)^2} = \sqrt{\dfrac{3}{9}} = \boxed{\dfrac{\sqrt{3}}{3}}$

31 $A = (2\sin\theta - \sqrt{3})(2\cos\theta + \sqrt{3}) = 0$

より $\sin\theta = \dfrac{\sqrt{3}}{2}$ または $\cos\theta = -\dfrac{\sqrt{3}}{2}$

$0° \leqq \theta \leqq 180°$ だから

$\sin\theta = \dfrac{\sqrt{3}}{2}$ より $\theta = 60°,\ 120°$

$\cos\theta = -\dfrac{\sqrt{3}}{2}$ より $\theta = 150°$

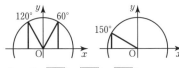

よって，$\boxed{60}°,\ \boxed{120}°,\ \boxed{150}°$

$A \geqq 0$ のとき

$\begin{cases} \sin\theta \geqq \dfrac{\sqrt{3}}{2} \\ \cos\theta \geqq -\dfrac{\sqrt{3}}{2} \end{cases} \cdots① ,\quad \begin{cases} \sin\theta \leqq \dfrac{\sqrt{3}}{2} \\ \cos\theta \leqq -\dfrac{\sqrt{3}}{2} \end{cases} \cdots②$

下の①，②の単位円の図より

① 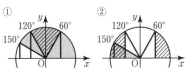 ②

$\boxed{60}° \leqq \theta \leqq \boxed{120}°,\ \boxed{150}° \leqq \theta \leqq \boxed{180}°$

32 (1) $\sin 3\alpha = \sin 2\beta$ となるのは

$3\alpha = 2\beta$ または $3\alpha = 180° - 2\beta$

よって，$\alpha = \boxed{\dfrac{2}{3}}\beta$

または $\alpha = \boxed{60}° - \boxed{\dfrac{2}{3}}\beta$

(2) $0° < \beta < 90°$ より $\cos\beta > 0$ だから

$\sin 2\alpha = \cos\beta = \sin(90° \pm \beta)$

$2\alpha = 90° + \beta$ より $\alpha = \boxed{45}° + \boxed{\dfrac{1}{2}}\beta$

$2\alpha = 90° - \beta$ より $\alpha = \boxed{45}° - \boxed{\dfrac{1}{2}}\beta$

33 (1) $\text{AC}^2 = 4^2 + (2\sqrt{3})^2 - 2 \cdot 4 \cdot 2\sqrt{3}\cos 150°$

$\quad = 16 + 12 - 16\sqrt{3} \cdot \left(-\dfrac{\sqrt{3}}{2}\right) = 52$

$\text{AC} > 0$ より，$\text{AC} = \sqrt{52} = \boxed{2}\sqrt{\boxed{13}}$

(2)

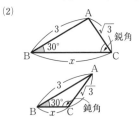

$\text{BC} = x$ とおくと，余弦定理より

$(\sqrt{3})^2 = 3^2 + x^2 - 2 \cdot 3 \cdot x \cdot \cos 30°$

$3 = 9 + x^2 - 6x \cdot \dfrac{\sqrt{3}}{2}$

$x^2 - 3\sqrt{3}\,x + 6 = 0$

$(x - \sqrt{3})(x - 2\sqrt{3}) = 0$

よって，$x = \sqrt{3},\ 2\sqrt{3}$

図より

$\qquad$ C が鋭角ならば $\mathrm{BC}=\boxed{2}\sqrt{\boxed{3}}$

$\qquad$ C が鈍角ならば $\mathrm{BC}=\sqrt{\boxed{3}}$

34 図のようにすると

最大角は最大辺 AB の対角だから

$$\cos\theta=\frac{2^2+3^2-4^2}{2\cdot2\cdot3}=\boxed{-\frac{1}{4}}$$

$\sin\theta>0$ だから

$$\sin\theta=\sqrt{1-\cos^2\theta}=\sqrt{1-\left(-\frac{1}{4}\right)^2}=\boxed{\frac{\sqrt{15}}{4}}$$

35 (1)

$B=180°-(45°+75°)=60°$

正弦定理より

$$\frac{6\sqrt{3}}{\sin45°}=\frac{\mathrm{AC}}{\sin60°}=2R$$

$$\mathrm{AC}=\frac{6\sqrt{3}}{\sin45°}\times\sin60°$$

$$=6\sqrt{3}\times\sqrt{2}\times\frac{\sqrt{3}}{2}=\boxed{9\sqrt{2}}$$

$$R=6\sqrt{3}\times\sqrt{2}\times\frac{1}{2}=\boxed{3\sqrt{6}}$$

(2) 正弦定理より

$$\frac{\mathrm{BC}}{\sin A}=2R$$

$$\frac{10}{\sin A}=2\times10 \text{ より } \sin A=\frac{1}{2}$$

よって，$A=\boxed{30}°$ または $\boxed{150}°$

36 $\triangle\mathrm{OAB}=\dfrac{1}{2}\cdot6\cdot8\sin60°$

$$=\frac{1}{2}\cdot6\cdot8\cdot\frac{\sqrt{3}}{2}=\boxed{12\sqrt{3}}$$

$\triangle\mathrm{OAB}:\triangle\mathrm{OCD}=\mathrm{OA}\times\mathrm{OB}:\mathrm{OC}\times\mathrm{OD}$

$\qquad$ $8\cdot6:3\cdot\mathrm{OD}=4:1$

$\qquad\qquad$ $12\cdot\mathrm{OD}=48$

$\qquad\qquad\qquad$ $\mathrm{OD}=4$

よって，$\mathrm{OD}:\mathrm{OB}=4:6=\boxed{2}:\boxed{3}$

37

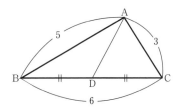

$$\cos B=\frac{5^2+6^2-3^2}{2\cdot5\cdot6}=\frac{52}{60}=\boxed{\frac{13}{15}}$$

$\mathrm{BD}=3$ だから $\triangle\mathrm{ABD}$ に余弦定理を用いて

$$\mathrm{AD}^2=5^2+3^2-2\cdot5\cdot3\cos B$$

$$=25+9-2\cdot5\cdot3\cdot\frac{13}{15}=8$$

$\mathrm{AD}>0$ より，$\mathrm{AD}=\sqrt{8}=\boxed{2\sqrt{2}}$

別解

中線定理（公式）を用いて

$$\mathrm{AB}^2+\mathrm{AC}^2=2(\mathrm{AD}^2+\mathrm{BD}^2)$$

$$5^2+3^2=2(\mathrm{AD}^2+3^2)$$

$$34=2\mathrm{AD}^2+18$$

$$\mathrm{AD}^2=8$$

$\mathrm{AD}>0$ より，$\mathrm{AD}=\boxed{2\sqrt{2}}$

また，$\sin B>0$ だから

$$\sin B=\sqrt{1-\cos^2 B}$$

$$=\sqrt{1-\left(\frac{13}{15}\right)^2}$$

$$=\sqrt{1-\frac{169}{225}}$$

$$=\sqrt{\frac{56}{225}}=\frac{2\sqrt{14}}{15}$$

よって $S=\dfrac{1}{2}\mathrm{AB}\cdot\mathrm{BD}\sin B$

$$=\frac{1}{2}\cdot5\cdot3\cdot\frac{2\sqrt{14}}{15}=\boxed{\sqrt{14}}$$

$\triangle\mathrm{ABD}$ の外接円の半径 R は

$$\frac{\mathrm{AD}}{\sin B}=2R \text{ より}$$

$$2R=2\sqrt{2}\cdot\frac{15}{2\sqrt{14}}$$

よって，$R=\dfrac{15}{2\sqrt{7}}=\boxed{\dfrac{15\sqrt{7}}{14}}$

さらに，$\triangle\mathrm{ABC}=2\triangle\mathrm{ABD}=2\sqrt{14}$

$\triangle\mathrm{ABC}$ の内接円の半径が r だから

$$\triangle\mathrm{ABC}=\frac{1}{2}(5+6+3)r$$

よって，$7r=2\sqrt{14}$ より

$$r=\boxed{\frac{2\sqrt{14}}{7}}$$

38 $\triangle ABC = \dfrac{1}{2} \cdot 8 \cdot 4\sqrt{3} \sin 60°$

$\qquad = \dfrac{1}{2} \cdot 8 \cdot 4\sqrt{3} \cdot \dfrac{\sqrt{3}}{2} = \boxed{24}$

$\triangle ABC = \triangle ABD + \triangle ACD$ だから

$24 = \dfrac{1}{2} \cdot 8 \cdot AD \sin 30° + \dfrac{1}{2} \cdot 4\sqrt{3} \cdot AD \sin 30°$

$\quad = \dfrac{1}{2} \cdot 8 \cdot AD \cdot \dfrac{1}{2} + \dfrac{1}{2} \cdot 4\sqrt{3} \cdot AD \cdot \dfrac{1}{2}$

$\quad = (2+\sqrt{3})AD$

よって，$AD = \dfrac{24}{2+\sqrt{3}}$

$\qquad = \dfrac{24(2-\sqrt{3})}{(2+\sqrt{3})(2-\sqrt{3})}$

$\qquad = 24(\boxed{2-\sqrt{3}})$

39

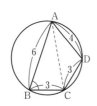

$\triangle ABC$ と $\triangle ADC$ に余弦定理を用いて

$AC^2 = 6^2 + 3^2 - 2 \cdot 6 \cdot 3 \cos \angle ABC$

$\quad AC^2 = 45 - 36 \cos \angle ABC \qquad \cdots\cdots ①$

$AC^2 = 3^2 + 4^2 - 2 \cdot 3 \cdot 4 \cos(180° - \angle ABC)$

$\quad AC^2 = 25 + 24 \cos \angle ABC \qquad \cdots\cdots ②$

①－②より

$0 = 20 - 60 \cos \angle ABC$

よって，$\cos \angle ABC = \dfrac{20}{60} = \boxed{\dfrac{1}{3}}$

①に代入して

$AC^2 = 45 - 36 \times \dfrac{1}{3} = 33$

$AC > 0$ より，$AC = \boxed{\sqrt{33}}$

40

$\triangle ABC$ に余弦定理を用いて

$AC^2 = 3^2 + (\sqrt{3})^2 - 2 \cdot 3 \cdot \sqrt{3} \cos \angle ABC$

$\quad = 9 + 3 - 2 \cdot 3 \cdot \sqrt{3} \cdot \dfrac{\sqrt{3}}{6} = 12 - 3 = 9$

$AC > 0$ より，$AC = \boxed{3}$

$\triangle ACD$ に余弦定理を用いて

$AC^2 = (\sqrt{3})^2 + AD^2$

$\qquad - 2 \cdot \sqrt{3} \cdot AD \cos \angle ADC \qquad \cdots\cdots ①$

ここで

$\cos \angle ADC = \cos(180° - \angle ABC)$

$\qquad = -\cos \angle ABC = -\dfrac{\sqrt{3}}{6}$

だから，①は

$9 = 3 + AD^2 - 2 \cdot \sqrt{3} \cdot AD \cdot \left(-\dfrac{\sqrt{3}}{6}\right)$

$9 = 3 + AD^2 + AD$

$AD^2 + AD - 6 = 0$

$(AD+3)(AD-2) = 0$

$AD > 0$ だから $AD = \boxed{2}$

$\sin \angle ABC > 0$ より

$\sin \angle ABC = \sqrt{1 - \cos^2 \angle ABC}$

$\qquad = \sqrt{1 - \left(\dfrac{\sqrt{3}}{6}\right)^2} = \sqrt{\dfrac{33}{36}} = \boxed{\dfrac{\sqrt{33}}{6}}$

$\triangle ABC$ の外接円 O の半径を R とすると

$\dfrac{AC}{\sin \angle ABC} = 2R$

$R = \dfrac{1}{2} \cdot 3 \cdot \dfrac{6}{\sqrt{33}} = \dfrac{9}{\sqrt{33}} = \boxed{\dfrac{3\sqrt{33}}{11}}$

$\triangle ABC = \dfrac{1}{2} \cdot AB \cdot CB \cdot \sin \angle ABC$

$\qquad = \dfrac{1}{2} \cdot 3 \cdot \sqrt{3} \cdot \dfrac{\sqrt{33}}{6} = \dfrac{3\sqrt{11}}{4}$

また，$\sin \angle ADC = \sin(180° - \angle ABC)$

$\qquad = \sin \angle ABC$

より $\triangle ACD = \dfrac{1}{2} \cdot AD \cdot CD \cdot \sin \angle ADC$

$\qquad = \dfrac{1}{2} \cdot 2 \cdot \sqrt{3} \cdot \dfrac{\sqrt{33}}{6} = \dfrac{\sqrt{11}}{2}$

よって，四角形 ABCD の面積は

$\dfrac{3\sqrt{11}}{4} + \dfrac{\sqrt{11}}{2} = \boxed{\dfrac{5\sqrt{11}}{4}}$

41

1辺の長さが2の正四面体だから

CM＝CN＝$\sqrt{3}$, MN＝1

$\cos\angle\mathrm{MCN}=\dfrac{\mathrm{CM}^2+\mathrm{CN}^2-\mathrm{MN}^2}{2\cdot\mathrm{CM}\cdot\mathrm{CN}}$

$\qquad=\dfrac{(\sqrt{3})^2+(\sqrt{3})^2-1^2}{2\cdot\sqrt{3}\cdot\sqrt{3}}=\boxed{\dfrac{5}{6}}$

右図より $\left(\dfrac{1}{2}\right)^2+h^2=(\sqrt{3})^2$

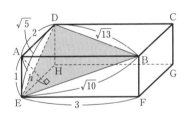

$h^2=\dfrac{11}{4}$

$h>0$ より, $h=\sqrt{\dfrac{11}{4}}=\dfrac{\sqrt{11}}{2}$

よって, $\triangle\mathrm{MCN}=\dfrac{1}{2}\cdot1\cdot\dfrac{\sqrt{11}}{2}=\boxed{\dfrac{\sqrt{11}}{4}}$

別解

$\sin\angle\mathrm{MCN}=\sqrt{1-\left(\dfrac{5}{6}\right)^2}=\dfrac{\sqrt{11}}{6}$ だから

$\triangle\mathrm{MCN}=\dfrac{1}{2}\cdot\sqrt{3}\cdot\sqrt{3}\cdot\dfrac{\sqrt{11}}{6}=\boxed{\dfrac{\sqrt{11}}{4}}$

42

三平方の定理より

BE＝$\sqrt{10}$, BD＝$\sqrt{13}$, DE＝$\sqrt{5}$

$\triangle$BDE において, 余弦定理より

$\cos\angle\mathrm{BED}=\dfrac{\mathrm{BE}^2+\mathrm{DE}^2-\mathrm{BD}^2}{2\cdot\mathrm{BE}\cdot\mathrm{DE}}$

$\qquad=\dfrac{(\sqrt{10})^2+(\sqrt{5})^2-(\sqrt{13})^2}{2\cdot\sqrt{10}\cdot\sqrt{5}}$

$\qquad=\dfrac{2}{10\sqrt{2}}=\boxed{\dfrac{\sqrt{2}}{10}}$

$\sin\angle\mathrm{BED}=\sqrt{1-\cos^2\angle\mathrm{BED}}$

$\qquad=\sqrt{1-\left(\dfrac{\sqrt{2}}{10}\right)^2}=\dfrac{7\sqrt{2}}{10}$

$\triangle\mathrm{BDE}=\dfrac{1}{2}\cdot\mathrm{BE}\cdot\mathrm{DE}\cdot\sin\angle\mathrm{BED}$

$\qquad=\dfrac{1}{2}\cdot\sqrt{10}\cdot\sqrt{5}\cdot\dfrac{7\sqrt{2}}{10}=\boxed{\dfrac{7}{2}}$

また, 四面体 ABDE の体積 V は

$$V=\dfrac{1}{3}\cdot\triangle\mathrm{ADE}\cdot\mathrm{AB}$$

$$=\dfrac{1}{3}\cdot\left(\dfrac{1}{2}\cdot1\cdot2\right)\cdot3=\boxed{1}$$

一方, $V=\dfrac{1}{3}\cdot\triangle\mathrm{BDE}\cdot h$ とも表せるから

$V=\dfrac{1}{3}\cdot\dfrac{7}{2}\cdot h=1$ より $h=\boxed{\dfrac{6}{7}}$

43 H は $\triangle$BCD の重心になる。

$\mathrm{BM}=\dfrac{\sqrt{3}}{2}$ だから

$\mathrm{BH}=\dfrac{2}{3}\cdot\mathrm{BM}=\dfrac{2}{3}\cdot\dfrac{\sqrt{3}}{2}=\boxed{\dfrac{\sqrt{3}}{3}}$

$\triangle$ABH において, $\angle\mathrm{AHB}=90°$ だから

$\mathrm{AB}^2=\mathrm{AH}^2+\mathrm{BH}^2$

$1^2=\mathrm{AH}^2+\left(\dfrac{\sqrt{3}}{3}\right)^2$

$\mathrm{AH}>0$ より, $\mathrm{AH}=\dfrac{\sqrt{6}}{3}$

よって, $\mathrm{OH}=\boxed{\dfrac{\sqrt{6}}{3}}-r$

$\triangle$OBH において, $\angle\mathrm{OHB}=90°$ だから

$\mathrm{OB}^2=\mathrm{BH}^2+\mathrm{OH}^2$ に代入して

$r^2=\left(\dfrac{\sqrt{3}}{3}\right)^2+\left(\dfrac{\sqrt{6}}{3}-r\right)^2$

$r^2=\dfrac{1}{3}+\dfrac{2}{3}-\dfrac{2\sqrt{6}}{3}r+r^2$

$\dfrac{2\sqrt{6}}{3}r=1$

よって, $r=\dfrac{3}{2\sqrt{6}}=\boxed{\dfrac{\sqrt{6}}{4}}$

また, 四面体 ABCD と
四面体 OBCH において,
底面積の比は

$\triangle\mathrm{BCH}=\dfrac{2}{3}\triangle\mathrm{BCM}$

$\qquad=\dfrac{2}{3}\cdot\dfrac{1}{2}\triangle\mathrm{BCD}$

$\qquad=\dfrac{1}{3}\triangle\mathrm{BCD}$

だから $\triangle\mathrm{BCD}:\triangle\mathrm{BCH}=3:1$
高さの比は

$\mathrm{AH}:\mathrm{OH}=\dfrac{\sqrt{6}}{3}:\left(\dfrac{\sqrt{6}}{3}-\dfrac{\sqrt{6}}{4}\right)$

$\qquad=\dfrac{\sqrt{6}}{3}:\dfrac{\sqrt{6}}{12}=4:1$

よって, 体積比は $3\times4:1=12:1$
したがって, 正四面体 ABCD の体積は四面体 OBCH の体積の $\boxed{12}$ 倍。

数学Ⅰ 5 データの分析

44 (1) データの数は 20 だから

$$1+3+5+x+4+y+2=20 \quad より$$

$$x+y=5 \quad \cdots\cdots①$$

平均値が 4 点だから

$$\frac{1}{20}(1\times1+2\times3+3\times5+4x$$
$$+5\times4+6y+7\times2)=4$$

$$56+4x+6y=80 \quad より$$

$$2x+3y=12 \quad \cdots\cdots②$$

①，②を解いて $x=\boxed{3}$ ，$y=\boxed{2}$

(2) 中央値が 4.5 点だから，小さい方から 10 番目は 4 点で，大きい方から 10 番目は 5 点である。

ゆえに，

$$1+3+5+x=10 \quad より \quad x=1$$

$$2+y+4=10 \quad より \quad y=4$$

よって，$x=\boxed{1}$ ，$y=\boxed{4}$

(3) 最頻値が 3 点だから

$$x\leqq4 \quad かつ \quad y\leqq4$$

①より $y=5-x\leqq4$ だから $x\geqq1$

よって，$1\leqq x\leqq4$ より $x=\boxed{1, 2, 3, 4}$

45 ⓪ 四分位範囲は

A は $Q_3-Q_1=70-40=30$

B は $Q_3-Q_1=78-35=43$

よって，B の方が大きいから<u>正しくない。</u>

① 四分位偏差は $\dfrac{Q_3-Q_1}{2}$ だから

B の方が大きいから<u>正しい。</u>

② A は Q_1 が 40 点だから 40 点未満は 12 人以下

B の Q_1 はおよそ 35 点だから 40 点未満は 13 人以上

よって，B の方が多いから<u>正しい。</u>

③ A は Q_2 が 60 点，Q_3 が 70 点だから 60 点以上 70 点以下の人数は 13 人以上

B は Q_2 がおよそ 57 点，Q_3 がおよそ 78 点だから 60 点以上 70 点以下の人数は 12 人以下

よって，A の方が多いから<u>正しくない。</u>

以上より，適切なものは $\boxed{①, ②}$

46 平均値は

$$\bar{x}=\frac{1}{5}(6+10+4+13+7)$$

$$=\frac{1}{5}\times40=\boxed{8}$$

分散は

$$s^2=\frac{1}{5}\{(6-8)^2+(10-8)^2+(4-8)^2$$
$$+(13-8)^2+(7-8)^2\}$$

$$=\frac{1}{5}(4+4+16+25+1)$$

$$=\frac{1}{5}\times50=\boxed{10}$$

標準偏差は

$$s=\sqrt{s^2}=\boxed{\sqrt{10}}$$

47 x と y の平均値は

$$\bar{x}=\frac{1}{5}(7+6+9+3+5)$$

$$=\frac{30}{5}=6$$

$$\bar{y}=\frac{1}{5}(4+3+6+5+2)$$

$$=\frac{20}{5}=4$$

x と y の共分散 s_{xy} は

$$s_{xy}=\frac{1}{5}\{(7-6)(4-4)+(6-6)(3-4)$$
$$+(9-6)(6-4)+(3-6)(5-4)$$
$$+(5-6)(2-4)\}$$

$$=\frac{1}{5}\{0+0+6+(-3)+2\}$$

$$=\frac{5}{5}=1$$

x, y の相関係数 r は $s_x=2$, $s_y=\sqrt{2}$ より

$$r=\frac{s_{xy}}{s_x s_y}=\frac{1}{2\sqrt{2}}=\frac{\sqrt{2}}{4}$$

$$=\frac{1.4}{4}=\boxed{0.35}$$

数学A 1 場合の数と確率

48 1から100までの整数の集合を U, そのうちの3で割り切れる整数の集合を A, 4で割り切れる整数の集合を B とする。3でも4でも割り切れる整数の集合は $A \cap B$ で表される。

$$A \cap B = \{12 \times 1,\ 12 \times 2,\ \cdots\cdots,\ 12 \times 8\}$$
$$n(A \cap B) = \boxed{8}$$

また, $A = \{3 \times 1,\ 3 \times 2,\ \cdots\cdots,\ 3 \times 33\}$
$$n(A) = 33$$
$$B = \{4 \times 1,\ 4 \times 2,\ \cdots\cdots,\ 4 \times 25\}$$
$$n(B) = 25$$

3または4で割り切れる整数の集合は $A \cup B$ で表されるので

$$n(A \cup B) = n(A) + n(B) - n(A \cap B)$$
$$= 33 + 25 - 8 = \boxed{50}$$

3で割り切れるが4で割り切れない整数の集合は $A \cap \bar{B}$ で表されるので

$$n(A \cap \bar{B}) = n(A) - n(A \cap B)$$
$$= 33 - 8 = \boxed{25}$$

別解

1から100までの整数のうち, 3, 4, 12で割り切れる整数の個数は下のように割り算しても求められる。

$$
\begin{array}{ccc}
\overset{33}{3)\overline{100}} & \overset{25}{4)\overline{100}} & \overset{\textcircled{8}}{12)\overline{100}} \\
\underline{9} & \underline{8} & \underline{96} \\
10 & 20 & 4 \\
\underline{9} & \underline{20} & \\
1 & 0 &
\end{array}
$$

49 百, 十, 一の位の数は 0～9 のどれでもよいから, それぞれ 10 通りある。

```
千  百  十  一
1  □   □   □
   ↑
   0～9のどれ
   でもよい
```

$$10 \times 10 \times 10 = 10^3 = \boxed{1000}\ (個)$$

百, 十, 一の位は千の位の数を除く9個の数から3個選んで並べればよい。

```
千   百  十  一
□    □   □   □
↑    ‾‾‾‾‾‾‾‾
1～9    ₉P₃
```

よって, $9 \times {}_9\mathrm{P}_3 = 9 \times 9 \times 8 \times 7 = \boxed{4536}\ (個)$

よって, $2 \times 2 \times 2 \times 2 = 2^4 = \boxed{16}\ (個)$

50 1から7までのカードから3枚選べばよいから

$$_7\mathrm{C}_3 = \frac{7 \cdot 6 \cdot 5}{3 \cdot 2 \cdot 1} = \boxed{35}\ (通り)$$

最大値が7になるのは, 3枚のうち少なくとも1枚が7であればよいから

$$_7\mathrm{C}_3 - {}_6\mathrm{C}_3 = 35 - 20 = \boxed{15}\ (通り)$$

また, 9枚から3枚を選ぶのは

$$_9\mathrm{C}_3 = \frac{9 \cdot 8 \cdot 7}{3 \cdot 2 \cdot 1} = 84\ (通り)$$

1と9が選ばれないとき, 2から8までの3枚選べばよいから

$$_7\mathrm{C}_3 = \frac{7 \cdot 6 \cdot 5}{3 \cdot 2 \cdot 1} = 35\ (通り)$$

よって, 1または9が選ばれるのは

$$_9\mathrm{C}_3 - {}_7\mathrm{C}_3 = 84 - 35 = \boxed{49}\ (通り)$$

51 (1) $_9\mathrm{C}_4 \times {}_5\mathrm{C}_3 \times {}_2\mathrm{C}_2 = \dfrac{9 \cdot 8 \cdot 7 \cdot 6}{4 \cdot 3 \cdot 2 \cdot 1} \times \dfrac{5 \cdot 4 \cdot 3}{3 \cdot 2 \cdot 1} \times 1$

$$= 126 \times 10 = \boxed{1260}\ (通り)$$

(2) A に1冊, B に4冊, C に4冊分けるので

$$_9\mathrm{C}_1 \times {}_8\mathrm{C}_4 \times {}_4\mathrm{C}_4 = 9 \times \frac{8 \cdot 7 \cdot 6 \cdot 5}{4 \cdot 3 \cdot 2 \cdot 1} \times 1$$
$$= 9 \times 70 = \boxed{630}\ (通り)$$

(3) (2)で, B, C の区別をなくせばよいから

$$\frac{630}{2!} = \boxed{315}\ (通り)$$

52 (1) $\dfrac{8!}{2!2!4!} = \dfrac{8 \cdot 7 \cdot 6 \cdot 5}{2 \cdot 1 \cdot 2 \cdot 1} = \boxed{420}\ (通り)$

(2) 両端が同じ文字の場合は, 次の3通り。

(i) A, ○○○○○○, A
　　　 B, B, C, C, C, C

(ii) B, ○○○○○○, B
　　　 A, A, C, C, C, C

(iii) C, ○○○○○○, C
　　　 A, A, B, B, C, C

(i), (ii)の場合の数は同じだから

$$2 \times \frac{6!}{2!\,4!} = 6 \cdot 5 = 30 \text{（通り）}$$

(iii)の場合は　$\dfrac{6!}{2!\,2!\,2!} = \dfrac{6 \cdot 5 \cdot 4 \cdot 3}{2 \cdot 1 \cdot 2 \cdot 1} = 90$（通り）

よって，$30 + 90 = \boxed{120}$（通り）

左右対称になるのは，中央より左側に A，B，C，C，右側に A，B，C，C がくるときで

A，B，C，C ┆ C，C，B，A

左側が決まると右側は自動的に決まるから

$$\frac{4!}{2!} = \boxed{12} \text{（通り）}$$

(3)　4個の C が連続するとき，4個の C を1つにして

A，A，B，B，(C，C，C，C)

を並べると考えればよいから

$$\frac{5!}{2!\,2!} = \frac{5 \cdot 4 \cdot 3}{2 \cdot 1} = \boxed{30} \text{（通り）}$$

4個の C が隣り合わないのは，

⋀Ⓐ⋀Ⓐ⋀Ⓑ⋀Ⓑ⋀

A，A，B，B を並べたあと，C が並ぶ場所を5か所から4か所選べばよいから

$$\frac{4!}{2!\,2!} \times {}_5\mathrm{C}_4 = 6 \times 5 = \boxed{30} \text{（通り）}$$

(4)　A を隣り合わせてから残りの6個を並べればよいから

$$\frac{6!}{2!\,4!} = \frac{6 \cdot 5}{2 \cdot 1}$$
$$= \boxed{15} \text{（通り）}$$

53　1人について3通りの入り方があるから
$$3^5 = \boxed{243} \text{（通り）}$$

C だけが空き部屋になるのは，5人が A か B の部屋に入るときで，しかも A，B が空き部屋にならない場合である。よって
$$2^5 - 2 = \boxed{30} \text{（通り）}$$
└─ A か B が空き部屋になる場合を除く

54　(1)　0 から9までの10種類の数字から5個選び，選んだ5個を小さい順に左から並べればよい。したがって，

$${}_{10}\mathrm{C}_5 = \frac{10 \cdot 9 \cdot 8 \cdot 7 \cdot 6}{5 \cdot 4 \cdot 3 \cdot 2 \cdot 1} = \boxed{252} \text{（通り）}$$

(2)　0 から9の中から2種類の数字を選ぶのは
$${}_{10}\mathrm{C}_2 = \frac{10 \cdot 9}{2 \cdot 1} = 45 \text{（通り）}$$

選ばれた2種類の並べ方は

(i)　1個と4個のとき
○○○○□，○□□□□
$$2 \times \frac{5!}{4!} = 2 \times 5 = 10 \text{（通り）}$$

(ii)　2個と3個のとき
○○○□□，○○□□□
$$2 \times \frac{5!}{3!\,2!} = 2 \times \frac{5 \cdot 4}{2 \cdot 1} = 20 \text{（通り）}$$

よって，${}_{10}\mathrm{C}_2 \times (10 + 20)$
$$= 45 \times 30 = \boxed{1350} \text{（通り）}$$

別解　例題 53 の考え方で
□ の中に入れる2個の数字を選ぶのは
$${}_{10}\mathrm{C}_2 = 45 \text{（通り）}$$
1つの □ の中には2種類の数字が入るから，その入れ方は 2^5 通り
よって，${}_{10}\mathrm{C}_2 \times (2^5 - 2) = 45 \times 30$
$\boxed{\text{1種類で並ぶ場合を除く}}$ ↑ $= \boxed{1350}$（通り）

(3)　0 から9の中から3種類の数字を選ぶのは
$${}_{10}\mathrm{C}_3 = \frac{10 \cdot 9 \cdot 8}{3 \cdot 2 \cdot 1} = 120 \text{（通り）}$$

選ばれた3種類の並べ方は
(i)　1個，1個，3個のとき
○□△△△，○□□□△，○○○□△
$$3 \times \frac{5!}{3!} = 3 \times 5 \cdot 4 = 60 \text{（通り）}$$

(ii)　1個，2個，2個のとき
○□□△△，○○□△△，○○□□△
$$3 \times \frac{5!}{2!\,2!} = 3 \times \frac{5 \cdot 4 \cdot 3}{2 \cdot 1} = 90 \text{（通り）}$$

よって，${}_{10}\mathrm{C}_3 \times (60 + 90)$
$$= 120 \times 150 = \boxed{18000} \text{（通り）}$$

別解　例題 53 の考え方で
□ の中に入れる3個の数字を選ぶのは
$${}_{10}\mathrm{C}_3 = 120 \text{（通り）}$$
1つの □ の中には3種類の数字が入るから，その入れ方は 3^5 通り
この中で，2種類の数字だけとなる並べ方は
$${}_3\mathrm{C}_2 \times (2^5 - 2) = 3 \times 30 = 90 \text{（通り）}$$
1種類だけとなる並べ方は3通り
よって，これらを除いて
$${}_{10}\mathrm{C}_3 \times \{3^5 - (90 + 3)\}$$
$$= 120 \times 150 = \boxed{18000}$$

55　1 から 100 までの数の集合を U，そのうち 4 の倍数の集合を A，6 の倍数の集合を B とする。
$$n(U) = 100$$

$A=\{4\times1,\ 4\times2,\ \cdots\cdots,\ 4\times25\}$

$\quad n(A)=25$

$B=\{6\times1,\ 6\times2,\ \cdots\cdots,\ 6\times16\}$

$\quad n(B)=16$

$A\cap B=\{12\times1,\ 12\times2,\ \cdots\cdots,\ 12\times8\}$

$\quad n(A\cap B)=8$

4 の倍数かつ 6 の倍数のカードを引く確率は

$$P(A\cap B)=\frac{n(A\cap B)}{n(U)}=\frac{8}{100}=\boxed{\frac{2}{25}}$$

4 の倍数または 6 の倍数のカードを引く確率は

$$P(A\cup B)=\frac{n(A\cup B)}{n(U)}$$

$$=\frac{n(A)+n(B)-n(A\cap B)}{n(U)}$$

$$=\frac{25+16-8}{100}=\boxed{\frac{33}{100}}$$

4 の倍数であるが 6 の倍数でないカードを引く確率は

$$P(A\cap\overline{B})=\frac{n(A)-n(A\cap B)}{n(U)}$$

$$=\frac{25-8}{100}=\boxed{\frac{17}{100}}$$

別解

$$P(A\cup B)=P(A)+P(B)-P(A\cap B)$$

$$=\frac{25}{100}+\frac{16}{100}-\frac{8}{100}=\boxed{\frac{33}{100}}$$

$$P(A\cap\overline{B})=P(A)-P(A\cap B)$$

$$=\frac{25}{100}-\frac{8}{100}=\boxed{\frac{17}{100}}$$

56 (1) 合計 12 個から 3 個取り出すとき，3 個とも白球でない確率は

$$\frac{{}_6C_3}{{}_{12}C_3}=\frac{6\cdot5\cdot4}{12\cdot11\cdot10}=\frac{1}{11}$$

よって，少なくとも 1 個が白球である確率は

$$1-\frac{1}{11}=\boxed{\frac{10}{11}}$$

(2) 3 個とも異なる色である確率は

$$\frac{{}_3C_1\times{}_3C_1\times{}_6C_1}{{}_{12}C_3}=\frac{3\times3\times6}{220}=\frac{27}{110}$$

よって，少なくとも 2 個が同じ色である確率は $\quad1-\frac{27}{110}=\boxed{\frac{83}{110}}$

57 コインの表と裏の出る確率はどちらも $\frac{1}{2}$ で

㋨㋦㋨㋦㋨（表裏表裏表）

㋦㋨㋦㋨㋦（裏表裏表裏）

の 2 通りあるから，求める確率は

$$2\times\frac{1}{2}\times\frac{1}{2}\times\frac{1}{2}\times\frac{1}{2}\times\frac{1}{2}=\boxed{\frac{1}{16}}$$

表が 4 回以上連続して出るのは次の 3 通りあり

㋨㋨㋨㋨㋨（表表表表表）

㋨㋨㋨㋨㋦（表表表表裏）

㋦㋨㋨㋨㋨（裏表表表表）

これらの確率はすべて $\quad\left(\frac{1}{2}\right)^5=\frac{1}{32}$

だから，求める確率は $\quad3\times\frac{1}{32}=\boxed{\frac{3}{32}}$

58 (1) さいころ 3 個の目の出方は 6^3 通り。

$$24=1\times4\times6=2\times3\times4=2\times2\times6$$

(ⅰ) $(1,\ 4,\ 6),\ (2,\ 3,\ 4)$ の並べ方は，ともに 3! 通り

(ⅱ) $(2,\ 2,\ 6)$ の並べ方は　3 通り

よって，積が 24 となる確率は

$$\frac{3!\times2+3}{6^3}=\boxed{\frac{5}{72}}$$

積が 3 の倍数とならないのは，1, 2, 4, 5 の目だけが出ればよいので，その確率は

$$\frac{4^3}{6^3}=\frac{8}{27}$$

よって，積が 3 の倍数となる確率は

$$1-\frac{8}{27}=\boxed{\frac{19}{27}}$$

(2) さいころ 4 個の目の出方は 6^4 通り。

積が素数となるのは，2 か 3 か 5 である。

$$2=1\times1\times1\times2$$

$$3=1\times1\times1\times3$$

$$5=1\times1\times1\times5$$

いずれの並べ方も 4 通りある。

よって，積が素数となる確率は

$$\frac{4\times3}{6^4}=\boxed{\frac{1}{108}}$$

積が 4 の倍数とならないのは

(ⅰ) 1, 3, 5 の目だけが出るとき　　3^4 通り

(ⅱ) 1 個が 2 か 6 で残り 3 個が 1 か 3 か 5 の目のとき，2 か 6 が出るさいころの選び方が ${}_4C_1$ あるので

$${}_4C_1\cdot2\times3^3\ \text{（通り）}$$

よって，その確率は

$$\frac{3^4+{}_4C_1\cdot2\times3^3}{6^4}=\frac{11}{48}$$

よって，積が 4 の倍数となる確率は

$$1-\frac{11}{48}=\boxed{\frac{37}{48}}$$

59 表が 4 回出る確率は

$$_5C_4\left(\frac{1}{2}\right)^4\cdot\frac{1}{2}=5\cdot\frac{1}{2^5}=\boxed{\frac{5}{32}}$$

「少なくとも 2 回表が出る」の余事象は

「0 回表が出る または 1 回表が出る」である。

その確率は

$$\left(\frac{1}{2}\right)^5+{}_5C_1\cdot\frac{1}{2}\cdot\left(\frac{1}{2}\right)^4=\frac{1}{32}+\frac{5}{32}=\frac{3}{16}$$

よって，求める確率は

$$1-\frac{3}{16}=\boxed{\frac{13}{16}}$$

60 ゲームを 4 回行って A が勝者となるのは，3 回までに 2 勝し，4 回目で勝つ場合なので

$$_3C_2\left(\frac{1}{3}\right)^2\left(\frac{2}{3}\right)\cdot\frac{1}{3}=\boxed{\frac{2}{27}}$$

ゲームを 5 回行ってどちらかが勝者となるのは，4 回までに A が 2 勝，B が 2 勝し，5 回目はどちらが勝ってもよいので

$$_4C_2\left(\frac{1}{3}\right)^2\left(\frac{2}{3}\right)^2\times1=\boxed{\frac{8}{27}}$$

61 (1) 袋 A から白球を 2 個取り出し，袋 B からも白球を取り出す確率は

$$\frac{_3C_2}{_5C_2}\times\frac{4}{5}=\frac{3}{10}\times\frac{4}{5}=\frac{12}{50}=\boxed{\frac{6}{25}}\quad\cdots\cdots①$$

(2) 袋 A から白球 1 個と赤球 1 個を取り出し，袋 B から白球を取り出す場合の確率は

$$\frac{_3C_1\times{}_2C_1}{_5C_2}\times\frac{3}{5}=\frac{6}{10}\times\frac{3}{5}=\frac{18}{50}=\frac{9}{25}\quad\cdots\cdots②$$

袋 A から赤球を 2 個取り出し，袋 B から白球を取り出す場合の確率は

$$\frac{_2C_2}{_5C_2}\times\frac{2}{5}=\frac{1}{10}\times\frac{2}{5}=\frac{2}{50}=\frac{1}{25}\quad\cdots\cdots③$$

袋 B から白球を取り出す確率は

$$①+②+③=\frac{6}{25}+\frac{9}{25}+\frac{1}{25}=\boxed{\frac{16}{25}}$$

このとき，袋 A から取り出した 2 個が，どちらも白球である条件付き確率は

$$\frac{①}{①+②+③}=\frac{\frac{6}{25}}{\frac{16}{25}}=\boxed{\frac{3}{8}}$$

62 (1) 1 等の確率は $\frac{1}{100}$

2 等の確率は $\frac{9}{100}$

3 等の確率は $\frac{90}{100}$

だから，賞金の期待値は

$$10000\times\frac{1}{100}+1000\times\frac{9}{100}+100\times\frac{90}{100}$$

$$=100+90+90=\boxed{280}\ \text{(円)}$$

(2) 表の出る回数 X のときの確率 $P(X)$ は

$$P(6)=\left(\frac{1}{2}\right)^6=\boxed{\frac{1}{64}}$$

$$P(5)={}_6C_5\left(\frac{1}{2}\right)^5\left(\frac{1}{2}\right)^1=\frac{6}{64}=\boxed{\frac{3}{32}}$$

$$P(4)={}_6C_4\left(\frac{1}{2}\right)^4\left(\frac{1}{2}\right)^2=\boxed{\frac{15}{64}}$$

$X=3\sim0$ の確率は

$$1-\{P(6)+P(5)+P(4)\}$$

$$=1-\left(\frac{1}{64}+\frac{6}{64}+\frac{15}{64}\right)=\frac{42}{64}$$

よって，ゲームでもらえる点数の期待値は

$$150\times\frac{1}{64}+50\times\frac{6}{64}+20\times\frac{15}{64}+5\times\frac{42}{64}$$

$$=\frac{1}{64}(150+300+300+210)$$

$$=\frac{960}{64}=\boxed{15}\ \text{(点)}$$

数学A 2 図形の性質

63 (1)

内心 I は頂角 A，B，C の角の二等分線の交点だから

$$\angle ABI = \angle CBI = 30° \quad より \quad x = \boxed{30°}$$

$\angle ACI = \angle BCI$ だから

$$CA : CB = AD : BD = 7 : 8$$

よって，$y = BD = 5 \times \dfrac{8}{7+8} = \boxed{\dfrac{8}{3}}$

(2)

$$\angle BOC = 2 \cdot \angle BAC = 2 \cdot 40° = 80°$$

△OBC は二等辺三角形なので

$$x + x + 80° = 180° \quad より \quad x = \boxed{50°}$$

△ABC の内角を考えて

$$40° + (30° + 50°) + \angle ACB = 180°$$
$$\angle ACB = 60°$$

四角形 ADBC は円に内接しているので

$$y + \angle ACB = 180°$$

よって，$y = 180° - 60° = \boxed{120°}$

(3)

G は重心だから

$$AG : GD = 2 : 1$$
$$x : 2 = 2 : 1 \quad より \quad x = \boxed{4}$$

AE は辺 AC の中線だから

$$AE : EC = 1 : 1$$

よって，$AE = EC = \dfrac{7}{2}$

AD は辺 BC の中線だから

$$CD : DB = CF : FE = 1 : 1$$

よって，$y = EF = \dfrac{7}{2} \times \dfrac{1}{2} = \boxed{\dfrac{7}{4}}$

(4)

図のように AE を引くと，H が垂心だから

$$\angle BDC = \angle AEB = 90°$$

よって，$x = 180° - (50° + 90°) = \boxed{40°}$

$$y = 180° - (90° + 40°) = \boxed{50°}$$

別解

四角形 HECD は円に内接する四角形であることから

$$y = \angle ECD = \boxed{50°}$$

64

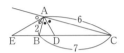

$$BD : DC = AB : AC$$
$$= 2 : 6 = 1 : 3 \quad より$$
$$BD = \dfrac{1}{1+3} BC = \dfrac{1}{4} \times 7 = \boxed{\dfrac{7}{4}}$$

$$BE : CE = AB : AC$$
$$= 2 : 6 = 1 : 3 \quad より$$
$$3BE = CE$$

CE = BE + 7 だから

$$3BE = BE + 7$$

よって，$BE = \boxed{\dfrac{7}{2}}$

65

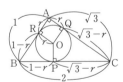

円と 3 辺の接点を P，Q，R，円の半径を r とする。3 辺の比より $\angle A = 90°$ だから

$$AR = AQ = r$$
$$BR = BP = 1 - r, \quad CQ = CP = \sqrt{3} - r$$
$$BC = BP + CP = 2 \quad より$$
$$(1 - r) + (\sqrt{3} - r) = 2$$

よって，$r = \boxed{\dfrac{\sqrt{3} - 1}{2}}$

66

△ABC でチェバの定理より

$$\frac{AP}{PB}\cdot\frac{BS}{SC}\cdot\frac{CQ}{QA}=\frac{4}{1}\cdot\frac{BS}{SC}\cdot\frac{3}{2}=1$$

であるから $\dfrac{BS}{SC}=\dfrac{1}{6}$

よって，BS：SC＝ 1 ： 6

R から BC に下ろした垂線の足を H とすると

△BRS：△CRS

$$=\frac{1}{2}\cdot BS\cdot RH:\frac{1}{2}\cdot SC\cdot RH$$

$$=BS:SC=\boxed{1}:\boxed{6}$$

67

△ABC でチェバの定理より

$$\frac{AF}{FB}\cdot\frac{BD}{DC}\cdot\frac{CE}{EA}=\frac{4}{3}\cdot\frac{BD}{DC}\cdot\frac{6}{5}=1$$

であるから $\dfrac{BD}{DC}=\dfrac{5}{8}$

よって，BD：DC＝ 5 ： 8

△ABD と CF でメネラウスの定理より

$$\frac{BF}{FA}\cdot\frac{AP}{PD}\cdot\frac{DC}{CB}=\frac{3}{4}\cdot\frac{AP}{PD}\cdot\frac{8}{13}=1$$

であるから $\dfrac{AP}{PD}=\dfrac{13}{6}$

よって，AP：PD＝ 13 ： 6

A，P から BC に下ろした垂線の足
をそれぞれ H，I とおく。

△ABC：△BPC

$$=\frac{1}{2}\cdot BC\cdot AH:\frac{1}{2}\cdot BC\cdot PI$$

$$=AH:PI$$

ここで △ADH∽△PDI より

AH：PI＝AD：PD＝(13+6)：6

$$=19:6$$

よって，△ABC：△BPC＝ 19 ： 6

68

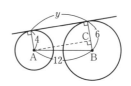

外接するとき $x=4+6=10$

内接するとき $x=6-4=2$

よって，交わるのは 2 ＜x＜ 10

上図の直角三角形 ABC で考える。

$AB^2=AC^2+BC^2$，$BC=6-4=2$

より $12^2=y^2+2^2$

$$y^2=140$$

$y>0$ より，$y=\sqrt{140}=\boxed{2\sqrt{35}}$

69 (1)

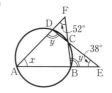

△AED で $x+y=180°-38°=142°$ ……①

△ABF で $x+52°=∠FBE$

四角形 ABCD は円に内接しているので

$y=∠FBE$

よって，$x+52°=y$ ……②

①，②より $x=\boxed{45°}$，$y=\boxed{97°}$

(2)

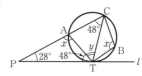

△PAT で

$∠PAT=180°-(28°+48°)=104°$

四角形 ATBC は円に内接しているので

$x=∠PAT=\boxed{104°}$

PT は接線なので

$∠ACT=∠ATP=48°$

また，$y+48°=x$ より

$y=104°-48°=\boxed{56°}$

70 (1) (ア) 方べきの定理より

$$PA\cdot PB=PC\cdot PD$$

$$6\cdot4=(x-3)\cdot3$$

$$24=3x-9$$

$$3x=33 \quad より \quad x=\boxed{11}$$

(イ) 方べきの定理より

 PA・PB＝PC・PD

 PB＝12－2＝10 だから

  2・10＝x・5 より $x=$ ☐4

(ウ) 方べきの定理より

 PA・PB＝PT²

  4・9＝x^2

 $x>0$ より $x=$ ☐6

(2)

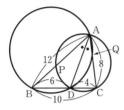

△ABC で AD は ∠BAC の二等分線なので

 AB：AC＝BD：DC

  12：8＝BD：DC

よって，BD：DC＝3：2 だから

 BD＝$\dfrac{3}{5}$・BC＝$\dfrac{3}{5}$・10＝ ☐6

 CD＝$\dfrac{2}{5}$・BC＝$\dfrac{2}{5}$・10＝ ☐4

方べきの定理より

 BP・BA＝BD・BC

  BP・12＝6・10 より BP＝ ☐5

 CQ・CA＝CD・CB

  CQ・8＝4・10 より CQ＝ ☐5

2nd Step セカンドステップ

数学Ⅰ 1 数と式

1

$|x+6|\leqq 2$ より $-2\leqq x+6\leqq 2$

よって，$\boxed{^{アイ}-8}\leqq x\leqq\boxed{^{ウエ}-4}$

$|(1-\sqrt{3})(a-b)(c-d)+6|\leqq 2$ のとき

$\quad -8\leqq(1-\sqrt{3})(a-b)(c-d)\leqq -4$

各辺を $1-\sqrt{3}$ で割ると

$$\frac{-8}{1-\sqrt{3}}\geqq(a-b)(c-d)\geqq\frac{-4}{1-\sqrt{3}}$$

$$\frac{4}{\sqrt{3}-1}\leqq(a-b)(c-d)\leqq\frac{8}{\sqrt{3}-1}$$

$$\frac{4(\sqrt{3}+1)}{(\sqrt{3}-1)(\sqrt{3}+1)}\leqq(a-b)(c-d)\leqq\frac{8(\sqrt{3}+1)}{(\sqrt{3}-1)(\sqrt{3}+1)}$$

$$\frac{4(\sqrt{3}+1)}{3-1}\leqq(a-b)(c-d)\leqq\frac{8(\sqrt{3}+1)}{3-1}$$

よって，

$\quad\boxed{^{オ}2}+\boxed{^{カ}2}\sqrt{3}\leqq(a-b)(c-d)\leqq\boxed{^{キ}4}+\boxed{^{ク}4}\sqrt{3}$

特に，

$\quad (a-b)(c-d)=4+4\sqrt{3}\quad\cdots\cdots①$

$\quad (a-c)(b-d)=-3+\sqrt{3}\quad\cdots\cdots②$

のとき，

$\quad$①より $\quad ac-ad-bc+bd=4+4\sqrt{3}\quad\cdots\cdots①'$

$\quad$②より $\quad ab-ad-bc+cd=-3+\sqrt{3}\quad\cdots\cdots②'$

ここで，③の左辺を展開すると

$\quad (a-d)(c-b)=ac-ab-cd+bd$

となる。

①'−②' より

$\quad ac-ab-cd+bd=\boxed{^{ケ}7}+\boxed{^{コ}3}\sqrt{3}$

2

$\quad a+b+c=1\quad\cdots\cdots①$

$\quad a^2+b^2+c^2=13\quad\cdots\cdots②$

$\quad (a+b+c)^2=a^2+b^2+c^2+2ab+2bc+2ca$

に，①，②を代入して

$\quad 1^2=13+2(ab+bc+ca)$

よって，$ab+bc+ca=\boxed{^{アイ}-6}$

$\quad (a-b)^2+(b-c)^2+(c-a)^2$

$=(a^2-2ab+b^2)+(b^2-2bc+c^2)+(c^2-2ca+a^2)$

$=2(a^2+b^2+c^2)-2(ab+bc+ca)$

$=2\cdot 13-2\cdot(-6)$

$=\boxed{^{ウエ}38}$

← $1-\sqrt{3}<0$ で割るから不等号の向きが変わる。

別解

$\quad -8\leqq(1-\sqrt{3})(a-b)(c-d)$

$\qquad\qquad\qquad\qquad\leqq -4$

の各辺に $1+\sqrt{3}$ を掛けて

$\quad -8(1+\sqrt{3})\leqq -2(a-b)(c-d)$

$\qquad\qquad\qquad\qquad\leqq -4(1+\sqrt{3})$

より

$\quad 2(1+\sqrt{3})\leqq(a-b)(c-d)$

$\qquad\qquad\qquad\leqq 4(1+\sqrt{3})$

としてもよい。

← ①'−②' の左辺と同じ式

次に，$a-b=2\sqrt{5}$ のとき，

$b-c=x$，$c-a=y$ とおくと

$\quad x+y=b-a$

$\qquad =-(a-b)=\boxed{^{オカ}-2}\sqrt{5}$

また，(1)より

$\quad (a-b)^2+(b-c)^2+(c-a)^2=38$ だから

$\quad (2\sqrt{5})^2+x^2+y^2=38$

よって，$x^2+y^2=\boxed{^{キク}18}$

これらより

$\quad (a-b)(b-c)(c-a)=2\sqrt{5}\cdot x\cdot y$

ここで，

$\quad x^2+y^2=(x+y)^2-2xy$ だから

$\quad 18=(-2\sqrt{5})^2-2xy$ より $xy=1$

よって，

$\quad (a-b)(b-c)(c-a)=2\sqrt{5}\cdot 1=\boxed{^{ケ}2}\sqrt{5}$

$\Leftarrow$ $a-b=2\sqrt{5}$，$b-c=x$
$c-a=y$ を代入する。

3

(1) (i) 支払う総額は，会員にならなかった場合 $\boxed{^{アイウエ}1000}x$（円）

会員になった場合 $\boxed{^{オカキ}800}x+\boxed{^{クケコ}700}$（円）

$\qquad\underset{\text{1000 円の 20\% 引の価格}}{\underline{\qquad\qquad}}$

(ii) 会員になった方が安くなるのは

$\quad 800x+700<1000x$

$\quad 200x>700$ より $x>3.5$

よって，$\boxed{^{サ}4}$ 個以上買うときは会員になった方が安く買える。

(2) (i) Bストアで 11 個以上買う場合の価格は，x（$x\geqq 11$）個買う

とすると

$\quad \underset{\text{10 個目までの価格}}{\underline{1000\times 10}}+\underset{\text{11 個目からの価格}}{\underline{600\times(x-10)}}$ （$x\geqq 11$）

よって，$\boxed{^{シスセ}600}x+\boxed{^{ソタチツ}4000}$（円） （$x\geqq 11$）

$\Leftarrow$ 11 以上の x に対して，600 円で
買える個数を $x-10$ と表すこと
が大切。

(ii) (i)より，11 個以上のとき，Aストアで会員となって買った方が

安く買えるのは

$\quad 800x+700<600x+4000$

$\quad 200x<3300$

よって，$x<16.5$

また，10 個以下のとき，Aストアで会員となって買った方が安く

買えるのは

$\quad 800x+700<1000x$

$\quad 200x>700$

よって，$x>3.5$

以上より，Aストアで会員になって買った方が安く買えるのは

<u>4 個以上 16 個以下</u>のときである。

したがって，商品 T の個数として正しいのは

$\boxed{^{テ}③}$ である。

$\Leftarrow$ 11 個以上のとき

17 個以上買うときはBストアの
方が安く買える。

$\Leftarrow$ 10 個以下のとき

3 個以下買うときはBストアの
方が安く買える。

数学Ⅰ 2 集合と論証

4

集合 P, Q, R, S を要素を並べて書くと

$P=\{1,\ 6,\ 11,\ 16,\ 21,\ 26,\ 31,\ \cdots\cdots\}$

$Q=\{1,\ 11,\ 21,\ 31,\ 41,\ 51,\ \cdots\cdots\}$

$R=\{1,\ 3,\ 5,\ 7,\ 9,\ 11,\ 13,\ 15,\ \cdots\cdots\}$

$S=\{3,\ 5,\ 7,\ 11,\ 13,\ 17,\ 19,\ 23,\ \cdots\cdots\}$

である。

(1) 「p かつ s」を満たす最小の自然数は $\boxed{\overset{アイ}{11}}$

(2) 上の P, Q の集合より $P \supset Q$ であるから

p は q であるための**必要条件であるが，十分条件ではない**。$\boxed{\overset{ウ}{①}}$

集合 $\overline{R}$, $\overline{S}$ の要素を並べて書くと

$\overline{R}=\{2,\ 4,\ 6,\ 8,\ 10,\ 12,\ \cdots\cdots\}$ ← 偶数の集合

$\overline{S}=\{1,\ 2,\ 4,\ 6,\ 8,\ 9,\ 10,\ 12,\ \cdots\cdots\}$← 偶数と素数でない奇数の集合

より，$\overline{R} \subset \overline{S}$ であるから

$\overline{r}$ は $\overline{s}$ であるための**十分条件であるが，必要条件でない**。$\boxed{\overset{エ}{②}}$

$P \cap R$ を表す集合は

$P \cap R=\{1,\ 11,\ 21,\ 31,\ \cdots\cdots\}=Q$ であるから

「p かつ r」は q であるための**必要十分条件**である。$\boxed{\overset{オ}{⓪}}$

$P \cap S$, $Q \cap S$ を表す集合は

$P \cap S=\{11,\ 31,\ 41,\ 61,\ 71,\ \cdots\cdots\}$

$Q \cap S=\{11,\ 31,\ 41,\ 61,\ 71,\ \cdots\cdots\}$

となるから

「p かつ s」は「q かつ s」であるための**必要十分条件**である。$\boxed{\overset{カ}{⓪}}$

(3) 集合 S は集合 R に含まれるから $S \subset R$

よって，⓪，③は不適。

また，S の要素には一部，集合 P と共通な要素がある。

したがって，次のことが成り立つ。

$P \cap S \neq \varnothing$, $S \not\subset P$ ←P, R, S の包含関係を明らかにする

よって，②は $P \cap S=\varnothing$ となっているから不適。

以上より，正しい図は $\boxed{\overset{キ}{①}}$

(4) (2)より，$Q=P \cap R$ であるから，Q に含まれる部分は $\boxed{\overset{ク}{⑥}}$, $\boxed{\overset{ケ}{⑨}}$

(順不同)

← 偶数の素数は 2 だけで，4 以上の偶数は素数でない。

← $x \in P \overset{\times}{\underset{\bigcirc}{\rightleftharpoons}} x \in Q$

← $S \subset R$ だから $s \to r$
対偶を考えて $\overline{r} \to \overline{s}$

← $R=\{1,\ 3,\ 5,\ 7,\ 9,\ \cdots\}$
$S=\{3,\ 5,\ 7,\ 11,\ 13,\ \cdots\}$
より，$R \supset S$ であるから $\overline{R} \subset \overline{S}$ としても説明できる。

← 1 の位が 6 の場合，偶数となり，素数の集合である S には入らないから，$P \cap S$ と $Q \cap S$ は同じ集合になる。

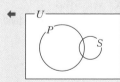

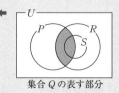

集合 Q の表す部分

5

(1) (i) $P=2x^2-3xy-2y^2-7x-y+3$

   $=2x^2-(3y+7)x-(2y^2+y-3)$ ←xの2次式として整理

   $=2x^2-(3y+7)x-(y-1)(2y+3)$ ←yの式を因数分解

 よって，$P=(x-2y-3)(2x+y-1)$ ……①

 ゆえに，$A=\underline{x-2y-3}$ ［ア③］，$B=\underline{2x+y-1}$ ［イ④］

 または，$A=\underline{2x+y-1}$ ［ア④］，$B=\underline{x-2y-3}$ ［イ③］

 ←
$$
\begin{array}{ccc}
1 & \diagdown & -(2y+3) \cdots\cdots -4y-6 \\
2 & \diagup & y-1 \cdots\cdots y-1 \\
\hline
& & -3y-7
\end{array}
$$

 ← A, B（［ア］，［イ］）は順不同。

(ii) $A=0$ かつ $B=0$ より

  $x-2y-3=0$ ……②

  $2x+y-1=0$ ……③

 ②，③を解いて $x=$［ウ1］，$y=$［エオ-1］

(iii) ①に $x=1-\sqrt{5}$，$y=-1+\sqrt{5}$ を代入して

 $P=\{(1-\sqrt{5})-2(-1+\sqrt{5})-3\}\{2(1-\sqrt{5})+(-1+\sqrt{5})-1\}$

  $=(1-\sqrt{5}+2-2\sqrt{5}-3)(2-2\sqrt{5}-1+\sqrt{5}-1)$

  $=-3\sqrt{5}\cdot(-\sqrt{5})=$［カキ15］

別解

条件より $x+y=0$ であるから
$y=-x$ を P に代入して
$$P=(x+2x-3)(2x-x-1)$$
$$=3(x-1)^2=3(1-\sqrt{5}-1)^2$$
$$=\boxed{15}$$

(2) (i) $x=\dfrac{4}{3-\sqrt{5}}=\dfrac{4(3+\sqrt{5})}{(3-\sqrt{5})(3+\sqrt{5})}$

   $=\dfrac{4(3+\sqrt{5})}{9-5}=3+\sqrt{5}$

  $y=\dfrac{4}{3+\sqrt{5}}=\dfrac{4(3-\sqrt{5})}{(3+\sqrt{5})(3-\sqrt{5})}$

   $=\dfrac{4(3-\sqrt{5})}{9-5}=3-\sqrt{5}$

 ←はじめに分母を有理化しておく

  $x+y=(3+\sqrt{5})+(3-\sqrt{5})=$［ク6］

  $xy=(3+\sqrt{5})(3-\sqrt{5})=9-5=$［ケ4］

  $x^2+y^2=(x+y)^2-2xy=6^2-2\times4=$［コサ28］

(ii) $(\sqrt{x}-\sqrt{y})^2=x-2\sqrt{xy}+y$

     $=6-2\sqrt{4}=2$

 であるから $\sqrt{x}-\sqrt{y}=\pm\sqrt{2}$

 ここで，$x>y$ より $\sqrt{x}-\sqrt{y}>0$ であるから，

 $\sqrt{x}-\sqrt{y}=-\sqrt{2}$ は適さないとわかり，

  $\sqrt{x}-\sqrt{y}=\sqrt{2}$

 よって，$A=2$，$B=\sqrt{2}$ ［シ⓪］

(iii) $(a-b)^2=c^2\overset{\times}{\underset{\circ}{\rightleftarrows}}a-b=c$ だから

 $(a-b)^2=c^2$ は $a-b=c$ であるための

 必要条件であるが，十分条件ではない。 ［ス①］

 ← $(a-b)^2=c^2\overset{\times}{\longrightarrow}a-b=c$
  反例：$a-b=-c$

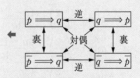

(3) 命題「$x+y$，xy がともに有理数 $\Longrightarrow$ x，y がともに有理数」

 の対偶は

 「$\underline{x \text{ または } y \text{ が無理数}} \Longrightarrow x+y \text{ または } xy \text{ が無理数}$」［セ②］

 ← 反例：$x=3+\sqrt{5}$，
    $y=3-\sqrt{5}$

数学Ⅰ 3　2次関数

6

(1) 商品 A を x 円値上げすると，売価は $100+x$ ｱ⓪ 円，1 日の売り上げ個数は $500-3x$ ｲ⑦ 個と表せる。

売り上げ金額 y は

$$y=(100+x)(500-3x)$$
$$=-\overset{ｳ}{3}x^2+\overset{ｴｵｶ}{200}x+\overset{ｷｸｹｺｻ}{50000} \quad \cdots\cdots ①$$

x のとりうる値の範囲は

$$500-3x\geqq 200 \quad より$$
$$x\leqq 100 \underset{\uparrow}{} \underline{\quad 1 日 200 個以上売れるようにする\quad}$$

また，$x\geqq 0$ であるから

$$\underline{0\leqq x\leqq 100} \text{ ｼ⓪}$$

◆ （売り上げ金額）
＝(売価)×(売り上げ個数)

(2) ①を平方完成すると

$$y=-3\left(x^2-\frac{200}{3}x\right)+50000$$
$$=-3\left\{\left(x-\frac{100}{3}\right)^2-\frac{10000}{9}\right\}+50000$$
$$=-3\left(x-\frac{100}{3}\right)^2+\frac{160000}{3}$$

よって，y は $x=\dfrac{\overset{ｽｾｿ}{100}}{\overset{ﾀ}{3}}$ のとき最大値をとる。

関数①は x^2 の係数が負であるから，そのグラフは上 ﾁ⓪ に凸になる。

したがって，このグラフでは，軸から近い ﾂ⓪ ほど，y 座標が大きくなる。

ここで，$\dfrac{100}{3}=33.33\cdots<33.5$ であるから売り上げ金額が最大となるのは値上げ額が ﾃﾄ33 円のときである。

7

(1) グラフが点 $(-2, 6)$ を通るから

$$6=(-2)^2a-(-2)b-a+b$$
$$6=3a+3b$$

よって，$b=-a+2$

このとき，

$$y=ax^2+(a-2)x-2a+2$$
$$=a\left(x+\frac{a-2}{2a}\right)^2-\frac{(a-2)^2}{4a}-2a+2$$
$$=a\left(x+\frac{a-2}{2a}\right)^2-\frac{9a^2-12a+4}{4a}$$
$$=a\left(x+\frac{a-2}{2a}\right)^2-\frac{(3a-2)^2}{4a}$$

よって，頂点の座標は $\left(\dfrac{-a+\overset{ｳ}{2}}{\overset{ｲ}{2}a},\ \dfrac{-(\overset{ｳ}{3}a-\overset{ｴ}{2})^2}{\overset{ｵ}{4}a}\right)$

◆ $y=ax^2-bx-a+b$ に
$x=-2,\ y=6$ を代入する。

(2) 頂点の y 座標が -2 であるから

$$\frac{-(3a-2)^2}{4a}=-2 \quad \text{より} \quad 9a^2-20a+4=0$$

$$(9a-2)(a-2)=0$$

よって，$a=\dfrac{2}{9}$，2 ←これだけではどちらがカに入るかわからない

ただし，$a=2$ のとき $y=2x^2-2$ となるから，

グラフと y 軸との交点は $(0，-2)$ となり適さない。

よって，$a=\dfrac{2}{9}$ である。

したがって，$\boxed{^{カ}2}$，$\boxed{^{キ}0}$

別解 $a=2$ が適さないことはグラフの軸が $x=0$ となることや，x 軸との交点が $x=\pm 1$ となることからも説明できる。

← $a=\dfrac{2}{9}$ のとき，2 次関数は $y=\dfrac{2}{9}x^2-\dfrac{16}{9}x+\dfrac{14}{9}$ となるから，$x=0$ のとき $y=\dfrac{14}{9}>0$

また，$y=0$ とおいて x 軸との交点を求めると $x=1,\ 7$ となり，これらは図 1 のグラフに適する。

(3) 頂点の x 座標は(2)と同じだから $\dfrac{-a+2}{2a}$ に $a=\dfrac{2}{9}$ を代入すると

$$\frac{-\dfrac{2}{9}+2}{2\times\dfrac{2}{9}}=\frac{\dfrac{16}{9}}{\dfrac{4}{9}}=4$$

となるから，移動したグラフの頂点は $(4，6)$ である。

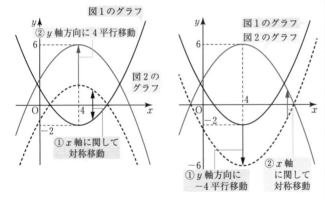

図1のグラフ
②y 軸方向に 4 平行移動
①x 軸に関して対称移動
図2のグラフ

図1のグラフ
図2のグラフ
①y 軸方向に -6 平行移動
②x 軸に関して対称移動

上図のどちらも，図 1 のグラフを①，②の順に移動したものである。

このように，図 2 のグラフは，

もとのグラフを x 軸 $\boxed{^{ク}0}$ に関して対称移動したあとで

y 軸 $\boxed{^{ケ}1}$ 方向に $\boxed{^{コ}4}$ 平行移動するか，

もとのグラフを y 軸 $\boxed{^{サ}1}$ 方向に $\boxed{^{シス}-4}$ 平行移動したあとで

x 軸 $\boxed{^{セ}0}$ に関して対称移動する

ことで得られる。

移動後のグラフは $y=-\dfrac{2}{9}(x-4)^2+6$ と表せるから

$$y=-\frac{2}{9}(x-4)^2+6=-\frac{\boxed{^{ソ}2}}{\boxed{^{タ}9}}x^2+\frac{\boxed{^{チツ}16}}{\boxed{^{テ}9}}x+\frac{\boxed{^{トナ}22}}{\boxed{^{ニ}9}}$$

(4) グラフの対称性を考えると

$t=0，8$ のとき $y=\dfrac{22}{9}$ となるから最小値が $\dfrac{22}{9}$ より小さくなる

のは $t>8$ $\boxed{^{ヌ}0}$ のときである。

←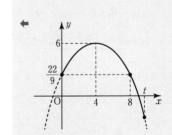

8

(1) 点 P の x 座標を t で表すと

$$x = -10 + 2t$$

よって，点 P が原点 O に到着するのは

$$-10 + 2t = 0 \quad \text{より} \quad t = \boxed{{}^{7}\,5} \text{ のとき。}$$

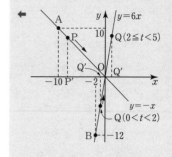

(2) $L = \text{OP}' + \text{OQ}'$ であり

$$\text{OP}' = |2t - 10|$$

Q' の x 座標は $x = -2 + t$ であるから

$$\text{OQ}' = |t - 2|$$

よって，$L = \left| \boxed{{}^{イ}\,2}\, t - \boxed{{}^{ウエ}\,10} \right| + \left| t - \boxed{{}^{オ}\,2} \right|$

(3) $\triangle \text{OPP}' = \dfrac{1}{2} \times \text{OP}' \times \text{PP}'$

$\triangle \text{OQQ}' = \dfrac{1}{2} \times \text{OQ}' \times \text{QQ}'$

であるから

$$S = \dfrac{1}{2} \times \underline{\text{OP}'} \times \underline{\text{PP}'} + \dfrac{1}{2} \times \underline{\text{OQ}'} \times \underline{\text{QQ}'}$$

よって，$\boxed{{}^{カ}\,②}$

← $\triangle \text{OPP}' = \dfrac{1}{2}(2t - 10)^2$

$\triangle \text{OQQ}' = \dfrac{1}{2} \cdot 6(t - 2)^2$

(4) $S = 5t^2 - 32t + 62$

$\quad = 5\left(t - \dfrac{16}{5} \right)^2 - \dfrac{256}{5} + 62$

$\quad = 5\left(t - \dfrac{16}{5} \right)^2 + \dfrac{54}{5}$

よって，$0 < t < 5$ であるから

$$t = \dfrac{\boxed{{}^{キク}\,16}}{\boxed{{}^{ケ}\,5}} \text{ で最小値 } \dfrac{\boxed{{}^{コサ}\,54}}{\boxed{{}^{シ}\,5}} \text{ をとる。}$$

(5) S が最小になるのは

$$\underline{a \leqq \dfrac{16}{5} \leqq a + 1} \quad \text{より}$$

$\uparrow$ —— $t = \dfrac{16}{5}$ が定義域内にあるとき

$$\dfrac{\boxed{{}^{スセ}\,11}}{\boxed{{}^{ソ}\,5}} \leqq a \leqq \dfrac{\boxed{{}^{タチ}\,16}}{\boxed{{}^{ツ}\,5}}$$

$t = \dfrac{16}{5}$ が定義域 $a \leqq t \leqq a + 1$ の中央にくるときの a の値は

$$\dfrac{a + a + 1}{2} = \dfrac{16}{5} \quad \text{より} \quad a = \dfrac{27}{10}$$

S の最大値を $t = a$ のときにとるのは

$$0 < a \leqq \dfrac{\boxed{{}^{テト}\,27}}{\boxed{{}^{ナニ}\,10}} \text{ のときである。}$$

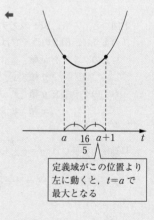

定義域がこの位置より左に動くと，$t = a$ で最大となる

9

(1) $y=x^2-2ax+a^2+b$ ……①
$\quad =(x-a)^2+b$
より頂点は (a, b) である。
$a>0, b>0$ のとき
$\quad$ 頂点は第1象限にあるから ^ア⓪

$a<0, b>0$ のとき
$\quad$ 頂点は第2象限にあるから ^イ③

$a>0, b<0$ のとき
$\quad$ 頂点は第4象限にあるから ^ウ①, ^エ② （順不同）

①に $x=0$ を代入すると
$\quad y=a^2+b$
$a^2>|b|$ のとき $a^2-|b|>0$
であるから,
$\quad b<0$ のとき $a^2+b>0$
また, 図⓪～⑤では $a\neq0$ で
$\quad b\geqq0$ のとき, $a^2>0$ であるから
$\qquad\qquad a^2+b>0$
これより
グラフと y 軸との交点は必ず正である。
よって, y 軸との交点が負であるグラフは適さない。
ゆえに ^オ①, ^カ⑤ （順不同）

← 頂点が (a, b) であるから a, b の符号を考えて頂点の位置を判断する。

← 頂点は (a, b) で, $a=0$ すなわち, 頂点が y 軸上にあるグラフはない。

(2) $a=1, b=2$ のとき
$\quad f(x)=(x-1)^2+2$ とすると

(i) $2t<1$ すなわち $0<t<\dfrac{^{\text{キ}}1}{^{\text{ク}}2}$ のとき
$\quad M=f(-t)=t^2+2t+3$
$\quad m=f(2t)=4t^2-4t+3$
$\quad M-m=-^{\text{ケ}}3\,t^2+^{\text{コ}}6\,t$

また, $f(-t)=f(2t)$ となるのは
$\quad t^2+2t+3\leqq4t^2-4t+3$
$\quad 3t^2-6t=3t(t-2)=0$
$\quad$ よって, $t=2 \quad (t>0)$
であるから
$f(-t)\geqq f(2t)$ すなわち $\dfrac{1}{2}\leqq t<^{\text{サ}}2$ のとき
$\quad M=f(-t)=t^2+2t+3$
$\quad m=f(1)=2$
$\quad M-m=t^2+^{\text{シ}}2\,t+^{\text{ス}}1$

$0<t<\dfrac{1}{2}$ のとき

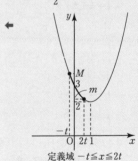

定義域 $-t\leqq x\leqq 2t$
が頂点を含まない

$\dfrac{1}{2}\leqq t<2$ のとき

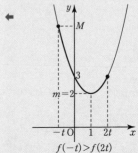

$f(-t)>f(2t)$

$f(-t) < f(2t)$ すなわち $2 \leqq t$ のとき

$M = f(2t) = 4t^2 - 4t + 3$

$m = f(1) = 2$

$M - m = \boxed{^{セ}\,4}\,t^2 - \boxed{^{ソ}\,4}\,t + \boxed{^{タ}\,1}$

← $2 \leqq t$ のとき

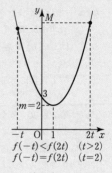

$f(-t) < f(2t) \quad (t > 2)$

$f(-t) = f(2t) \quad (t = 2)$

(ii) $M - m = 5$ より

$0 < t < \dfrac{1}{2}$ のとき

$-3t^2 + 6t = 5$

$3t^2 - 6t + 5 = 0$

この2次方程式の判別式を D とすると

$\dfrac{D}{4} = 9 - 15 = -6 < 0$

であるから実数解をもたない。

$\dfrac{1}{2} \leqq t < 2$ のとき

$t^2 + 2t + 1 = 5$

$t^2 + 2t - 4 = 0$

$t = -1 \pm \sqrt{5}$

$\dfrac{1}{2} \leqq t < 2$ より $t = \sqrt{5} - 1$

$2 \leqq t$ のとき

$4t^2 - 4t + 1 = 5$

$t^2 - t - 1 = 0$

$t = \dfrac{1 \pm \sqrt{5}}{2}$

$2 \leqq t$ であるから，いずれも不適。

よって，$t = \sqrt{5} - 1$ $\boxed{^{チ}\,0}$

← $0 < t < \dfrac{1}{2},\ \dfrac{1}{2} \leqq t < 2,\ 2 \leqq t$

と場合分けして $M - m = 5$ となる t の値を求める。

数学Ⅰ 4 図形と計量

10

(1) △ABD の 3 辺の比は

AB : BD : DA $=\sqrt{2} : 1 : 1$ である。

$$\frac{\sqrt{6}-\sqrt{2}}{2} : \frac{\sqrt{3}-1}{2} : \frac{\sqrt{3}-1}{2}$$

$$=\sqrt{2}\left(\frac{\sqrt{3}-1}{2}\right) : \frac{\sqrt{3}-1}{2} : \frac{\sqrt{3}-1}{2}$$

$$=\sqrt{2} : 1 : 1$$

よって，AB : BD : DA $=\dfrac{\sqrt{6}-\sqrt{2}}{2} : \dfrac{\sqrt{3}-1}{2} : \dfrac{\sqrt{3}-1}{2}$ ^ア④

△ACD の 3 辺の比は

AC : CD : DA $=\underline{2} : \underline{\sqrt{3}} : \underline{1}$ である。

$$1 : \frac{\sqrt{3}}{2} : \frac{1}{2} = 2 : \sqrt{3} : 1$$

よって，AC : CD : DA $=\underline{1} : \dfrac{\sqrt{3}}{2} : \dfrac{1}{2}$ ^イ⓪

ここで，AD＝BD＝1 とすると

AB$=\sqrt{2}$，BC$=1+\sqrt{3}$，AC$=2$

よって，AB : BC : CA $=\sqrt{2} : (1+\sqrt{3}) : 2$ ^ウ⓪

また，∠BAC$=45°+60°=\underline{105}°$ ^エ①

(2) △ABC に余弦定理を用いれば

$$\cos\angle BAC=\frac{AB^2+AC^2-BC^2}{2\cdot AB\cdot AC}$$

$$=\frac{(\sqrt{2})^2+2^2-(1+\sqrt{3})^2}{2\cdot\sqrt{2}\cdot 2}$$

$$=\frac{2-2\sqrt{3}}{4\sqrt{2}}=\frac{1-\sqrt{3}}{2\sqrt{2}}$$

$$=\frac{\sqrt{^{オ}2}-\sqrt{^{カ}6}}{^{キ}4}$$

(3) $\cos\angle BAC=\cos 105°$ と同じ値になるのは

$\cos 105°=-\cos(180°-105°)=-\cos 75°$

$-\cos 75°=-\sin(90°-75°)=-\sin 15°$

$-\sin 15°=-\sin(180°-15°)=-\sin 165°$

より，

$-\sin 15°$ ^ク①，$-\sin 165°$ ^ケ④，$-\cos 75°$ ^コ⑦ （順不同）

← ⓪ $1 : \dfrac{\sqrt{3}}{2} : \dfrac{1}{2} = \underline{2} : \sqrt{3} : 1$

① $\sqrt{6} : \sqrt{2} : \sqrt{2} = \sqrt{3} : 1 : 1$

② $(\sqrt{2}+1) : (\sqrt{2}-1) : (\sqrt{2}-1)$
$=(3+2\sqrt{2}) : 1 : 1$

③ $2\sqrt{3} : \sqrt{3} : 3 = \underline{2} : 1 : \sqrt{3}$

④ $\dfrac{\sqrt{6}-\sqrt{2}}{2} : \dfrac{\sqrt{3}-1}{2} : \dfrac{\sqrt{3}-1}{2}$
$=\sqrt{2} : 1 : 1$

⑤ $(2\sqrt{2}+1) : (\sqrt{2}+1) : (\sqrt{3}+1)$
は簡単な比に変形できない。

←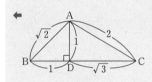

←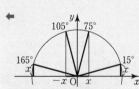

円の半径を r とすると

$\cos 105°=\dfrac{-x}{r}<0$ であり

$\cos 75°=\sin 15°=\sin 165°$

$\quad =\dfrac{x}{r}>0$

11

(1) △DEG に**余弦定理** $\boxed{\text{ア ⓪}}$ を用いると

$$6^2 = 3^2 + a^2 - 2\cdot 3\cdot a\cos t$$

$$a^2 - \boxed{\text{イ 6}}\,a\cos t - \boxed{\text{ウエ 27}} = 0 \quad \cdots\cdots ①$$

△DFG に**余弦定理**を用いると

$$4^2 = a^2 + 2^2 - 2\cdot a\cdot 2\underline{\cos(180° - t)}$$

$$\raisebox{0.5ex}{└}\cos(180° - t) = -\cos t$$

$$a^2 + \boxed{\text{オ 4}}\,a\cos t - \boxed{\text{カキ 12}} = 0 \quad \cdots\cdots ②$$

①×2＋②×3 より

$$5a^2 = 90$$

$$a^2 = 18$$

$a > 0$ であるから $a = \boxed{\text{ク 3}}\sqrt{\boxed{\text{ケ 2}}}$

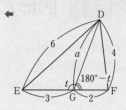

(2)

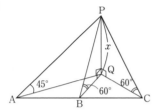

PQ＝x であるとき，直角三角形の3辺の比から

$$AQ = x, \quad BQ = \frac{\sqrt{3}}{3}x, \quad CQ = \frac{\sqrt{3}}{3}x$$

△ABQ に**余弦定理**を用いると

$$x^2 = 50^2 + \left(\frac{\sqrt{3}}{3}x\right)^2 - 2\cdot 50\cdot\frac{\sqrt{3}}{3}x\cos\theta$$

$$\frac{\boxed{\text{コ 2}}}{\boxed{\text{サ 3}}}x^2 + \frac{100\sqrt{\boxed{\text{シ 3}}}}{3}x\cos\theta - 2500 = 0 \quad \cdots\cdots ③$$

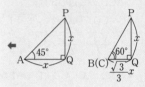

同様に，△BCQ $\boxed{\text{ス ②}}$ に**余弦定理**を用いると

$$\left(\frac{\sqrt{3}}{3}x\right)^2 = 50^2 + \left(\frac{\sqrt{3}}{3}x\right)^2 - 2\cdot 50\cdot\frac{\sqrt{3}}{3}x\cos(180° - \theta)$$

$$-\frac{100\sqrt{3}}{3}\underline{x\cos(180° - \theta)} + 2500 = 0$$

$$\phantom{-\frac{100\sqrt{3}}{3}}\raisebox{0.5ex}{└}\cos(180° - \theta) = -\cos\theta$$

$$\frac{100\sqrt{3}}{3}x\cos\theta + 2500 = 0 \quad \cdots\cdots ④$$

③－④より

$$\frac{2}{3}x^2 - 5000 = 0$$

$$x^2 = 7500$$

$x > 0$ であるから $x = \boxed{\text{セソ 50}}\sqrt{\boxed{\text{タ 3}}}$

12

(1) △ABC に余弦定理を用いて

$$AC^2 = AB^2 + BC^2 - 2AB \cdot BC \cos 120°$$

$$= 5^2 + 3^2 - 2 \cdot 5 \cdot 3 \cdot \left(-\frac{1}{2}\right) = 49$$

AC>0 だから，$AC = \sqrt{49} = \boxed{^{\text{ア}} 7}$

△ABC の外接円の半径を R とすると，正弦定理を用いて

$$\frac{7}{\sin 120°} = 2R \text{ より } R = 7 \times \frac{2}{\sqrt{3}} \times \frac{1}{2}$$

よって，$R = \dfrac{\boxed{^{\text{イ}} 7}\sqrt{\boxed{^{\text{ウ}} 3}}}{\boxed{^{\text{エ}} 3}}$

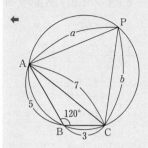

(2) $\triangle ABC = \dfrac{1}{2} \cdot 5 \cdot 3 \cdot \sin 120° = \dfrac{15\sqrt{3}}{4}$

△PAC は，AC=7 と定まっているので，これを底辺とみると，高さが最大のとき，面積も最大となる。それは PA＝PC のときであり，このとき ∠APC＝60° であるから，△PAC は正三角形となる。

よって，$a = \boxed{^{\text{オ}} 7}$，$b = \boxed{^{\text{カ}} 7}$ のとき

$$\triangle PAC = \frac{1}{2} \cdot 7 \cdot 7 \cdot \sin 60° = \frac{49\sqrt{3}}{4}$$

よって，四角形 ABCP の面積の最大値は

$$\triangle ABC + \triangle PAC = \frac{15\sqrt{3}}{4} + \frac{49\sqrt{3}}{4} = \boxed{^{\text{キク}} 16}\sqrt{\boxed{^{\text{ケ}} 3}}$$

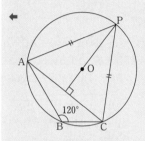

(3) △PAC が成り立つ条件を求める。

最大辺が AC＝7 のとき

$7 < a+3$ より $4 < a$

最大辺が AP＝a のとき

$a < 7+3$ より $a < 10$

> 三角形の成立条件
> 最大辺の長さ $<$ 他の2辺の長さの和

よって，$4 < a < 10$ ……①

点 P が △ABC の外接円の内部にある条件は

∠APC>60° であるから $\cos \angle APC < \cos 60° = \dfrac{1}{2}$

$$\cos \angle APC = \frac{PC^2 + PA^2 - AC^2}{2PC \cdot PA}$$

$$= \frac{3^2 + a^2 - 7^2}{2 \cdot 3 \cdot a} < \frac{1}{2} \text{ より}$$

$a^2 - 3a - 40 < 0$

$(a+5)(a-8) < 0$

①より $4 < a < 8$ $\boxed{^{\text{コ}} ③}$

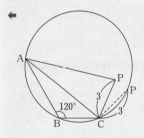

← $0° < \theta < 90°$ のとき，θ が大きいほど $\cos\theta$ の値は小さくなる。

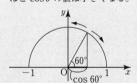

点 P が △ABC の外接円の外部にある条件は

∠APC＜60° であるから cos∠APC＞cos60°＝$\dfrac{1}{2}$

$\dfrac{3^2+a^2-7^2}{2\cdot 3\cdot a}>\dfrac{1}{2}$ より

$a^2-3a-40>0$

$(a+5)(a-8)>0$

①より 4＜a＜10 であるから <u>8＜a＜10</u> ^サ⑤

(4) 点 P は辺 AC に関して点 B の反対側にあるから，∠APC＞60°
は，点 P が △ABC の外接円の内部にあるための <u>必要十分条件</u> ^シ⓪

(5) sin∠APC cos∠PAC＝sin∠PCA のとき，△ACP の外接円の
半径を R' とする。

△ACP に正弦定理と余弦定理を用いると

$\dfrac{7}{2R'}\cdot\dfrac{a^2+49-b^2}{14a}=\dfrac{a}{2R'}$

$a^2+49-b^2=2a^2$

よって，$7^2=a^2+b^2$

ゆえに，△ACP は <u>∠APC＝90°</u> ^ス① の <u>直角三角形</u> ^セ①

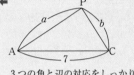

3つの角と辺の対応をしっかりお
さえる。

13

半径 1 の円の円周の長さは，$\boxed{^{\text{ア}}2}\pi$ である。

← 半径 r の円の円周の長さは $2\pi r$

「円の直径からその $\dfrac{1}{9}$ 倍を引いた長さを 1 辺とする正方形の面積と，

元の円の面積が等しい」から，半径 1 の円では

$$\left(2-\frac{2}{9}\right)^2=\pi\cdot 1^2$$

$$\pi=\left(\frac{16}{9}\right)^2=\frac{256}{81}=3.160\cdots$$

となり，小数第 3 位を切り捨てて　$\pi\fallingdotseq\boxed{^{\text{イ}}3}.\boxed{^{\text{ウエ}}16}$

角 θ は，正 12 角形の中心角を 2 等分したものだから

$$\frac{360°}{12}\times\frac{1}{2}=\boxed{^{\text{オカ}}15}°$$

半径 1 の円に内接する正 12 角形の
1 辺の長さは，右の図の $\triangle$OAB に
おいて OA=1，OB=1 だから

$$1\times\sin\theta\times 2=\underline{2\sin\theta}\ \boxed{^{\text{キ}}0}$$

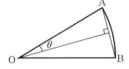

<三角比の表>と $\theta=15°$ から

$$2\sin\theta=2\times 0.2588=0.5176$$

よって，半径 1 の円に内接する正 12 角形の周の長さは

$$2\sin\theta\times 12=0.5176\times 12=6.2112$$

小数第 4 位を切り捨てて　$\boxed{^{\text{ク}}6}.\boxed{^{\text{ケコサ}}211}$

← 三角比の表

角	sin	cos	tan
15°	**0.2588**	0.9659	0.2679

円周の長さは，円に内接する正 12 角形の周の長さより大きいから

$$2\pi>6.2112$$

$$\pi>3.1056$$

よって，円周率は $\underline{3.10}\ \boxed{^{\text{シ}}0}$ より大きいとわかる。

← 3.11 より大きいとはいえない。

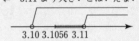

3.10　3.1056　3.11

続いて，半径 1 の円に外接する正 12 角形の面積について考える。
正 12 角形の 1 辺の長さは，右の図の
$\triangle$OCD において OM=1 だから

$$1\times\tan\theta\times 2=\underline{2\tan\theta}\ \boxed{^{\text{ス}}4}$$

よって，右の図の $\triangle$OCD の面積は

$$2\tan\theta\times 1\div 2=\tan\theta$$

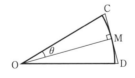

<三角比の表>と $\theta=15°$ から

$$\tan\theta=0.2679$$

ゆえに，半径 1 の円に外接する正 12 角形の面積は

$$\tan\theta\times 12=0.2679\times 12=3.2148$$

小数第 4 位を切り上げて　$\boxed{^{\text{セ}}3}.\boxed{^{\text{ソタチ}}215}$

← 三角比の表

角	sin	cos	tan
15°	0.2588	0.9659	**0.2679**

円の面積は，円に外接する正 12 角形の面積より小さいから

$$\pi\cdot 1^2<3.2148$$

$$\pi<3.2148$$

したがって，円周率は $\underline{3.22}\ \boxed{^{\text{ツ}}3}$ より小さいとわかる。

← 3.21 より小さいとはいえない。

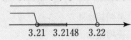

3.21　3.2148　3.22

← 3.10 < π < 3.22 がいえる。

数学Ⅰ 5 データの分析

14

(1) ⓪ （範囲）＝（最大値）－（最小値）であるから，得点の範囲は B の方が大きい。よって，**正しくない**。

① 四分位範囲は $Q_3 - Q_1$，四分位偏差は $\dfrac{Q_3 - Q_1}{2}$ であるから，どちらも A の方が大きい。よって，**正しくない**。

② A，B とも 80 点は Q_3 と最大値の間にあるが 80 点をとった人がいるかどうかはわからない。よって，**正しくない**。

③ A の Q_1 は 30 点台にあるから，40 点以下の人数は 13 人以上。一方，B の Q_1 は 50 点であるから，40 点以下の人数は 12 人以下。よって，**正しい**。

④ A の 40 点と 70 点は Q_1 と Q_3 の内側にあるから 24 人より多いことはない。よって，**正しい**。

⑤ A の Q_3 は 70 点以上であるから，70 点以上の人数は 13 人以上。一方，B は Q_3 が 70 点であるから，70 点以上の人数は 13 人いる。さらに，Q_2 と Q_3 の間に 70 点の生徒がいることも考えられるので，70 点以上の A と B の人数は同じになることもある。よって，**正しくない**。

⑥ A，B の最小値はどちらも 30 点以下であるから，30 点以下をとった生徒は少なくとも 1 人はいる。よって，**正しい**。

よって，<u>ア③</u>，<u>イ④</u>，<u>ウ⑥</u>（順不同）

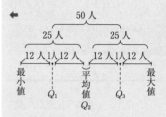

(2) (i) ⓪ 70 点以上の人数が 10 人であるから，適当でない。

① 40 点未満の人数が 6 人であるから，適当でない。

② 20 点以上 50 点未満の人数が 26 人で，半数より多くなるから，適当でない。

よって，適当なヒストグラムは<u>エ③</u>

(ii) 50 点以上 60 点未満の階級の度数は
$$50 - (2 + 11 + 8 + 6 + 6 + 5 + 2) = 50 - 40 = \boxed{\text{オカ}\ 10}$$

← (i)でどれを選んでも，(ii)は 10 となる。前の問題がわからなくても，その後の問題が解けることもある。

15

(1) テスト A について，得点の低い順に並べると

2, 3, 3, 4, <u>4, 4</u>, 6, 7, 8, 9

中央値は 4 <u>ア③</u>点 ── 中央値は下から 5 番目と上から 5 番目の平均値

最頻値は 4 <u>イ④</u>点

平均値は
$$(2 + 3 + 3 + 4 + 4 + 4 + 6 + 7 + 8 + 9) \div 10 = 5 \boxed{\text{ウ}⑤}\ （点）$$

テスト B について，得点の低い順に並べると

3, 3, 4, 4, <u>4, 5</u>, 6, 6, 6, 9

中央値は 4.5 <u>エ④</u>点 ── 平均すると 4.5

最頻値は <u>4</u> 点と <u>6</u> 点<u>オ③</u>，<u>カ⑦</u>（順不同）

平均値は
$$(3 + 3 + 4 + 4 + 4 + 5 + 6 + 6 + 6 + 9) \div 10 = 5 \boxed{\text{キ}⑤}\ （点）$$

← 得点の低い方から並べて整理する。

← 得点の低い方から並べて整理する。

⓪　範囲について
　　テストＡは　9−2＝7（点）
　　テストＢは　9−3＝6（点）
　Ａの方が大きいから正しくない。
①　四分位範囲について
　　テストＡは　7−3＝4（点）
　　テストＢは　6−4＝2（点）
　Ａの方が大きいから正しくない。
②　どんなデータも偏差の合計は 0 であるから正しくない。
③　平均点はどちらも 5 点であるから，平均点以上の人数はＡが
　4 人，Ｂが 5 人である。よって，正しい。
以上より正しいものは <u>ア ③</u>

← 偏差
$$(x_1-\overline{x})+(x_2-\overline{x})+\cdots+(x_n-\overline{x})$$
$$=x_1+x_2+\cdots+x_n-n\overline{x}$$
$$=n\overline{x}-n\overline{x}=0$$
ただし
$$\overline{x}=\frac{x_1+x_2+\cdots+x_n}{n}\quad（\text{平均値}）$$

(2)　散布図から，強い正の相関があると判断されるので，相関係数と
して最も近い値は <u>0.8 ケ④</u>

←
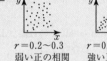
$r=0.2\sim0.3$　　$r=0.8\sim0.9$
弱い正の相関　　強い正の相関

(3)　テストＢの分散 s^2 は
$$s^2=\frac{1}{10}\{2(3-5)^2+3(4-5)^2+3(6-5)^2+(9-5)^2\}$$
$$=\frac{1}{10}(8+3+3+16)=\frac{30}{10}=\boxed{コ\ 3}$$

← 分散の求め方①
$$s^2=\frac{(x_1-\overline{x})^2+(x_2-\overline{x})^2+\cdots+(x_n-\overline{x})^2}{n}$$

別解　$s^2=\dfrac{1}{10}(2\times3^2+3\times4^2+5^2+3\times6^2+9^2)-5^2$
$$=\frac{1}{10}(18+48+25+108+81)-25=\boxed{コ\ 3}$$

← 分散の求め方②
$$s^2=\frac{x_1{}^2+x_2{}^2+\cdots+x_n{}^2}{n}-(\overline{x})^2$$

Ａ，Ｂの共分散を s_{AB} とすると
$$s_{AB}=\frac{1}{10}\{(6-5)(4-5)+(4-5)(4-5)+(4-5)(3-5)$$
$$+(8-5)(6-5)+(2-5)(3-5)+(3-5)(5-5)+(9-5)(9-5)$$
$$+(7-5)(6-5)+(3-5)(4-5)+(4-5)(6-5)\}$$
$$=\frac{1}{10}(-1+1+2+3+6+16+2+2-1)=\frac{30}{10}=\boxed{サ\ 3}$$

← 共分散の求め方
$$s_{xy}=\frac{1}{n}\{(x_1-\overline{x})(y_1-\overline{y})+$$
$$\cdots+(x_n-\overline{x})(y_n-\overline{y})\}$$

よって，相関係数 r は
$$r=\frac{3}{\sqrt{5}\sqrt{3}}=\frac{\sqrt{\boxed{シス\ 15}}}{\boxed{セ\ 5}}$$

← 相関係数
$$r=\frac{（\text{Ａ，Ｂの共分散}）}{（\text{Ａの標準偏差}）（\text{Ｂの標準偏差}）}$$

(4)　欠席した生徒のテストＡとＢの偏差の積は
　　$(5-5)(5-5)=0$
となり，共分散の分子は変わらないから，共分散は
$$\frac{30+0}{10+1}=\frac{30}{11}=2.7\cdots \quad ←\text{分母が 11 人に変わっている}$$
$$\text{ことに注意する}$$
となり減少する。
よって，<u>ソ ①</u>

16

(1) 箱ひげ図の最大値，最小値に着目すると，a の最大値は 40 ℃ 以上 45 ℃ 未満で，ヒストグラムで 40 ℃ 以上 45 ℃ 未満があるのは M 市だけ。

よって，<u>M 市—a</u>

b の最小値は −10 ℃ 以上 −5 ℃ 未満で，ヒストグラムで −10 ℃ 以上 −5 ℃ 未満があるのは N 市だけ。

よって，<u>N 市—b</u>

消去法により，<u>東京—c</u>

以上より，東京—c，N 市—b，M 市—a ^{ア}⑤

← 箱ひげ図から判断できる，その他の事柄
・a は 15 ℃ 以上 20 ℃ 未満の日が 25 %（92 日）以上ある。
・b は 10 ℃ 以下の日が 25 %（92 日）以上ある。
・c は 20 ℃ 以上の日が 50 %（183 日）以上ある。

(2) 東京と各市の間の相関について

東京と O 市の間には<u>強い正の相関関係がある。</u>

東京と N 市の間には<u>やや弱い正の相関関係がある。</u>

東京と M 市の間にはやや弱い負の相関関係がある。

よって，散布図から読み取れる正しいものは ^{イ}①，^{ウ}③ （順不同）

(3) N 市の摂氏での最高気温 x の平均値を $\bar{x}$ とすると，摂氏での最高気温の分散 X は

$$X = \frac{1}{365}\{(x_1-\bar{x})^2+(x_2-\bar{x})^2+\cdots+(x_{365}-\bar{x})^2\} \quad \cdots\cdots ①$$

N 市の華氏の温度は $\frac{9}{5}x+32$ と表されるから，華氏の温度の平均値は $\frac{9}{5}\bar{x}+32$ と表せる。

華氏での最高気温の偏差は

$$\left(\frac{9}{5}x+32\right)-\left(\frac{9}{5}\bar{x}+32\right)=\frac{9}{5}(x-\bar{x})$$

であるから，華氏での最高気温の分散 Y は

分散は偏差の 2 乗の平均

$$Y = \frac{1}{365}\left[\left\{\frac{9}{5}(x_1-\bar{x})\right\}^2+\left\{\frac{9}{5}(x_2-\bar{x})\right\}^2+\cdots+\left\{\frac{9}{5}(x_{365}-\bar{x})\right\}^2\right]$$

$$= \left(\frac{9}{5}\right)^2\cdot\frac{1}{365}\left\{(x_1-\bar{x})^2+(x_2-\bar{x})^2+\cdots+(x_{365}-\bar{x})^2\right\}$$

①を代入

$$= \frac{81}{25}X$$

よって，$\dfrac{Y}{X} = \underline{\dfrac{81}{25}}$ ^{エ}⑨

← 1 次式 $ax+b$ の平均値と分散
 $E(X)=\bar{x}$ （x の平均値を $\bar{x}$）
 $V(X)=s^2$ （x の分散を s^2）
とする。
 $y=ax+b$ と変換した y の平均値と分散は
 $E(y)=E(ax+b)$
   $=aE(x)+b$
   $=a\bar{x}+b$
 $V(y)=V(ax+b)$
   $=a^2V(x)$
   $=a^2s^2$

東京（摂氏）とＮ市（摂氏）の最高気温とその平均値をそれぞれ x', $\overline{x'}$, x, $\overline{x}$ とすると最高気温の共分散 Z は

$$Z=\frac{1}{365}\{(x_1'-\overline{x'})(x_1-\overline{x})+(x_2'-\overline{x'})(x_2-\overline{x})+\cdots$$
$$+(x_{365}'-\overline{x'})(x_{365}-\overline{x})\} \quad \cdots\cdots②$$

また，Ｎ市の華氏での最高気温の偏差は

$\dfrac{9}{5}(x-\overline{x})$ であるから

東京（摂氏）とＮ市（華氏）の最高気温の共分散 W は

$$W=\frac{1}{365}\Big\{(x_1'-\overline{x'})\frac{9}{5}(x_1-\overline{x})+(x_2'-\overline{x'})\frac{9}{5}(x_2-\overline{x})+\cdots$$
$$+(x_{365}'-\overline{x'})\frac{9}{5}(x_{365}-\overline{x})\Big\}$$

$$=\frac{9}{5}\cdot\frac{1}{365}\{(x_1'-\overline{x'})(x_1-\overline{x})+(x_2'-\overline{x'})(x_2-\overline{x})+\cdots$$

　　　　　└── ②を代入　　　　$+(x_{365}'-\overline{x'})(x_{365}-\overline{x})\}$

$$=\frac{9}{5}Z$$

よって，$\dfrac{W}{Z}=\dfrac{9}{5}$ キ⑧

東京（摂氏）とＮ市（摂氏）の相関係数 U は東京の分散を T とすると

$$U=\frac{Z}{\sqrt{T}\sqrt{X}}$$

東京（摂氏）とＮ市（華氏）の相関係数 V は

$$V=\frac{W}{\sqrt{T}\sqrt{Y}}$$

$$\frac{V}{U}=\frac{W}{\sqrt{T}\sqrt{Y}}\times\frac{\sqrt{T}\sqrt{X}}{Z}=\frac{W}{Z}\sqrt{\frac{X}{Y}}$$

$$=\frac{9}{5}\sqrt{\frac{25}{81}}=1 \quad\text{カ⑦}$$

◀ Ｎ市（摂氏）の分散 X
　　→ $\sqrt{X}$ は標準偏差

◀ Ｎ市（華氏）の分散 Y
　　→ $\sqrt{Y}$ は標準偏差

◀ X と Y, Z と W の関係をおさえておく。
　　$\dfrac{X}{Y}=\dfrac{25}{81}$, $W=\dfrac{9}{5}Z$

数学A 1 場合の数と確率

17

(1) 陽性と判定されるのは，

・<u>感染している犬が陽性と判定される</u>→ E_1

・<u>感染していない犬が陽性と判定される</u>→ E_3

この2つの場合であるから，$\boxed{^{\mathcal{P}}⓪}$，$\boxed{^{\mathcal{A}}②}$ （順不同）

$$P(E) = P(E_1) + P(E_3)$$

$$= \frac{20}{100} \times \frac{85}{100} + \frac{80}{100} \times \frac{10}{100} = \frac{2500}{10000} = \frac{^{}1}{\boxed{^{\text{エ}}4}}$$

$P(E_3) = \begin{pmatrix} 感染していな \\ い犬の割合 \end{pmatrix} \times \begin{pmatrix} 陽性と判定 \\ される確率 \end{pmatrix}$

$P(E_1) = \begin{pmatrix} 感染してい \\ る犬の割合 \end{pmatrix} \times \begin{pmatrix} 陽性と判定 \\ される確率 \end{pmatrix}$

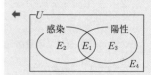

(2) <u>事象 F は事象 E の余事象であるから</u> $\boxed{^{\text{オ}}⓪}$

$$P(F) = 1 - \frac{1}{4} = \frac{^{\text{カ}}3}{\boxed{^{\text{キ}}4}}$$

← 事象 E と事象 F について
①確率の積ではなく和が1
②排反だが，$P(F)$ の計算につな
　がる理由にならないから不適
③互いに独立でない
したがって，①～③は誤り。

(3) 分母は陰性と判定される確率 $P(F)$ で，分子は感染している場合
に，陰性と判定される事象 E_2 の確率であるから，求める条件付き

確率は $\dfrac{P(E_2)}{P(F)}$ である。よって，$\boxed{^{\text{ク}}①}$

$$P(E_2) = \frac{20}{100} \times \frac{15}{100} = \frac{3}{100} \leftarrow P(E_2) = \begin{pmatrix} 感染してい \\ る犬の割合 \end{pmatrix} \times \begin{pmatrix} 陰性と判定 \\ される確率 \end{pmatrix}$$

$$\frac{P(E_2)}{P(F)} = \frac{3}{100} \div \frac{3}{4} = \frac{^{\text{ケ}}1}{\boxed{^{\text{コサ}}25}}$$

← $\dfrac{P(E_2)}{P(F)} = \dfrac{P(E_2)}{P(E_2) + P(E_4)}$

(4) 1匹の犬が陽性と判定される確率は $\dfrac{1}{4}$

陰性と判定される確率は $\dfrac{3}{4}$ であるから

5匹が検査を受けたとき，少なくとも1匹が陽性と判定される確率
は

$$\underline{1 - \left(\frac{3}{4}\right)^5} = 1 - \frac{243}{1024} = \frac{^{\text{シスセ}}781}{\boxed{^{\text{ソタチツ}}1024}}$$

すべて陰性である事象の余事象の確率

ちょうど2匹が陽性と判定される確率は

$$\underline{{}_5C_2\left(\frac{1}{4}\right)^2\left(\frac{3}{4}\right)^3} = 10 \times \frac{27}{1024} = \frac{^{\text{テトナ}}135}{\boxed{^{\text{ニヌネ}}512}}$$

1匹の犬が陽性である確率が $\dfrac{1}{4}$

陰性である確率が $\dfrac{3}{4}$ である反復試行

18

(1) 太郎さんが東に移動する確率は $\dfrac{2}{6}=\dfrac{\boxed{\text{ア }1}}{\boxed{\text{イ }3}}$

北に移動する確率は $\dfrac{4}{6}=\dfrac{\boxed{\text{ウ }2}}{\boxed{\text{エ }3}}$

← 東に移動するさいころの目：
1, 2
北に移動するさいころの目：
3, 4, 5, 6

よって，さいころを 4 回投げたとき，北に r 区画分移動する確率 p_r は

$$p_r=\underbrace{{}_4\mathrm{C}_r\left(\dfrac{1}{3}\right)^{4-r}\left(\dfrac{2}{3}\right)^{r}}=\dfrac{{}_4\mathrm{C}_r\times 2^r}{3^4}=\dfrac{{}_{\boxed{\text{オ }4}}\mathrm{C}_r\times \boxed{\text{カ }2}^r}{\boxed{\text{キク }81}}$$

──北に r 区画，東に $4-r$ 区画移動する反復試行

このとき，太郎さんが E-5 にいるとすると

東に $\boxed{\text{ケ }4}$ 区画分，北に $\boxed{\text{コ }0}$ 区画分移動しているので

求める確率は $\dfrac{{}_4\mathrm{C}_0\times 2^0}{81}=\dfrac{\boxed{\text{サ }1}}{\boxed{\text{シス }81}}$　←── ${}_4\mathrm{C}_0=1,\ 2^0=1$

(2) 花子さんが西に移動する確率は $\dfrac{3}{6}=\dfrac{1}{2}$

南に移動する確率は $\dfrac{3}{6}=\dfrac{1}{2}$

← 西に移動するさいころの目：
1, 2, 3
南に移動するさいころの目：
4, 5, 6

よって，さいころを 4 回投げたとき，西に s 区画分移動する確率 q_s は

$$q_s=\underbrace{{}_4\mathrm{C}_s\left(\dfrac{1}{2}\right)^{4-s}\left(\dfrac{1}{2}\right)^{s}}=\dfrac{{}_4\mathrm{C}_s\times 1^4}{2^4}=\dfrac{{}_{\boxed{\text{セ }4}}\mathrm{C}_s}{\boxed{\text{ソタ }16}}$$

──西に s 区画，南に $4-s$ 区画移動する反復試行

このとき，花子さんが C-3 にいるとすると

西に 2 区画分，北に 2 区画分移動しているので

求める確率は $\dfrac{{}_4\mathrm{C}_2}{16}=\dfrac{\boxed{\text{チ }3}}{\boxed{\text{ツ }8}}$

(3) A-5 にいる花子さんが C-2 に到着するには，南に 2 回，西に 3 回の合わせて 5 回移動する必要がある。よって，$\boxed{\text{テ ②}}$

(4) 2 人がさいころを 4 回ずつ投げたときに 2 人がともに到着できる交差点は，A-1，B-2，C-3，D-4，E-5 の $\boxed{\text{ト }5}$ か所ある。

2 人が同じ交差点に到着する確率は

$$\underbrace{\dfrac{{}_4\mathrm{C}_4\times 2^4}{81}\times\dfrac{{}_4\mathrm{C}_4}{16}}_{\text{A-1}}+\underbrace{\dfrac{{}_4\mathrm{C}_3\times 2^3}{81}\times\dfrac{{}_4\mathrm{C}_3}{16}}_{\text{B-2}}+\underbrace{\dfrac{{}_4\mathrm{C}_2\times 2^2}{81}\times\dfrac{{}_4\mathrm{C}_2}{16}}_{\text{C-3}}$$

$$+\underbrace{\dfrac{{}_4\mathrm{C}_1\times 2^1}{81}\times\dfrac{{}_4\mathrm{C}_1}{16}}_{\text{D-4}}+\underbrace{\dfrac{{}_4\mathrm{C}_0\times 2^0}{81}\times\dfrac{{}_4\mathrm{C}_0}{16}}_{\text{E-5}}$$

$$=\dfrac{16}{81\times16}+\dfrac{128}{81\times16}+\dfrac{144}{81\times16}+\dfrac{32}{81\times16}+\dfrac{1}{81\times16}$$

$$=\dfrac{321}{81\times16}=\dfrac{\boxed{\text{ナニヌ }107}}{\boxed{\text{ネノハ }432}}$$

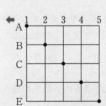

← 5 か所の交差点それぞれについて，2 人がともに到着する確率を求めて，加える。

← 最後に約分することを見越して，分母の計算を後回しにすると計算が楽になることがある。

19

(1) 1人が到着した島にもう1人が到着すればよいから，$\dfrac{^{\mathcal{P}}1}{^{\mathcal{I}}3}$

別解

2人が a に到着する確率は，それぞれ $\dfrac{1}{3}$

したがって，a で2人が出会う確率は

$$\dfrac{1}{3}\times\dfrac{1}{3}=\dfrac{1}{9}$$

同様にして，b，c で出会う確率も $\dfrac{1}{9}$

互いに排反であるから

$$\dfrac{1}{9}+\dfrac{1}{9}+\dfrac{1}{9}=\dfrac{^{\mathcal{P}}1}{^{\mathcal{I}}3}$$

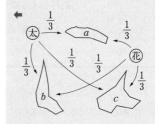

(2) 2人のどちらもいない島を「第3の島」とすると，

太郎さんが「第3の島」に移動する確率は $\dfrac{1}{2}$

花子さんが「第3の島」に移動する確率も $\dfrac{1}{2}$

よって，初日に再会しなかった場合，2日目に再会する確率は

$$\dfrac{1}{2}\times\dfrac{1}{2}=\dfrac{^{\mathcal{P}}1}{^{\mathcal{I}}4}$$

初日に再会しない確率は，(1)の余事象の確率を求めて

$$1-\dfrac{1}{3}=\dfrac{2}{3}$$

よって，2日目に初めて再会する確率は

$$\dfrac{2}{3}\times\dfrac{1}{4}=\dfrac{^{\mathcal{T}}1}{^{\mathcal{D}}6}$$

← 方法Aの2人の動き

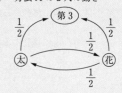

(3) 前日に再会しなかったとき

・方法Aで翌日に出会う確率は，(2)より $P(A)=\dfrac{1}{4}$

・方法Bで翌日に出会う確率は，

[1] 2人が「第3の島」で出会う場合，

太郎さんが「第3の島」に移動する確率が $\dfrac{1}{2}$

花子さんが「第3の島」に移動する確率が $\dfrac{1}{3}$

であるから，$\dfrac{1}{2}\times\dfrac{1}{3}=\dfrac{1}{6}$

[2] 花子さんがいた島に滞在する場合，

[1]と同様に，$\dfrac{1}{2}\times\dfrac{1}{3}=\dfrac{1}{6}$

[1]，[2]の事象は互いに排反であるから $P(B)=\dfrac{1}{6}+\dfrac{1}{6}=\dfrac{1}{3}$

・方法Cで翌日に出会う確率は，初日に出会う確率と同じなので

$$P(C)=\dfrac{1}{3}$$

← 方法Bの2人の動き
太郎さん

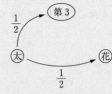

花子さん

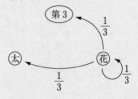

以上より，$\dfrac{1}{4} < \dfrac{1}{3} = \dfrac{1}{3}$ であるから，$\underline{P(A) < P(B) = P(C)}$ ｷ②

(4) (3)より，最も再会しやすいのは方法 B または C を選択したとき。

よって，前日に再会しなかった条件の下で翌日も出会わない確率は，

余事象を考えて $1 - \dfrac{1}{3} = \dfrac{2}{3}$

よって，n 日目までに一度も再会しない確率は $\left(\dfrac{\boxed{^{ク} 2}}{\boxed{^{ケ} 3}}\right)^{n}$

「その日までに再会する確率が 90 % を超えること」は

「その日までに再会しない確率が 10 % 未満であること」と同じだか

ら $\left(\dfrac{2}{3}\right)^{n} < \dfrac{10}{100}$ を満たす最小の整数 n を考えればよく，

$\left(\dfrac{2}{3}\right)^{5} = \dfrac{32}{243} > \dfrac{10}{100}$，$\left(\dfrac{2}{3}\right)^{6} = \dfrac{64}{729} < \dfrac{10}{100}$ より，$n = 6$

よって，$\boxed{^{コ} 6}$ 日目

別解

$\left(\dfrac{2}{3}\right)^{n} < \dfrac{1}{10}$ より

$10 \cdot 2^{n} < 3^{n}$

を満たす最小の自然数 n を考え
ればよく，

$n = 5$ のとき $320 > 243$

$n = 6$ のとき $640 < 729$

よって，$\boxed{6}$ 日目

20

(1) A または B が 2 勝すればよいから，求める確率は

$$\left(\frac{1}{2}\right)^2 \times 2 = \frac{\boxed{{}^{ア}1}}{\boxed{{}^{イ}2}}$$

4 回目に A が優勝するのは，1 回目に A が負けて 4 回目までの勝者が

    B C A A

となるときであるから，求める確率は

$$\left(\frac{1}{2}\right)^4 = \frac{\boxed{{}^{ウ}1}}{\boxed{{}^{エオ}16}}$$

5 回目に A が優勝するのは，5 回目までの勝者が

    A C B A A

となるときであるから，5 回目に A が優勝する確率は

$$\left(\frac{1}{2}\right)^5 = \frac{1}{32}$$

A が優勝する可能性があるのは 2 回目，4 回目，5 回目であるから，5 回目までに A が優勝する確率は

$$\frac{1}{4} + \frac{1}{16} + \frac{1}{32} = \frac{\boxed{{}^{カキ}11}}{\boxed{{}^{クケ}32}}$$

A が 5 回目までに優勝する場合のうち，1 回目で A が負けるのは，A が 4 回目で優勝するときである。

よって，求める確率は

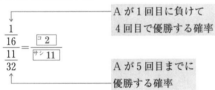

$$\frac{\dfrac{1}{16}}{\dfrac{11}{32}} = \frac{\boxed{{}^{コ}2}}{\boxed{{}^{サシ}11}}$$

A が 1 回目に負けて 4 回目で優勝する確率

A が 5 回目までに優勝する確率

(2) A と B の優勝する確率は等しいから，5 回目まででじゃんけんを終わりにする場合，C が優勝する確率は

$$1 - \frac{11}{32} \times 2 = 1 - \frac{11}{16} = \frac{\boxed{{}^{ス}5}}{\boxed{{}^{セソ}16}}$$

「5 回目までに優勝者が決まらないときは，C を優勝とする」とすると，6 回目以降のじゃんけんで A，B の優勝が決まる可能性はない。しかし，終わりにする回数を 6 回目，7 回目と増やしていくと，6 回目以降に A，B の優勝が決まる可能性が大きくなっていく。

よって，C の優勝する確率は小さくなっていく。${}^{タ}③$

← A が 1 回目に勝つと 4 回目に優勝することはできない。

  1　2　3　4　5 ←── 回目
  A　C　B　A　A ←── 勝者

← 5 回目までに A，B が優勝する場合以外は全て C の優勝となる。

← ⓪　A，B の優勝する確率が大きくなるとわかるので，誤り。
  ①　C の優勝する確率は小さくなっていくので，誤り。
  ②　終わりにする回数を増やしたとき，C の優勝する確率が大きくなることはないので，誤り。

数学A 2 図形の性質

21

(1) BC=8 より BM=CM=$\boxed{\text{ア }4}$

BD:DC=AB:AC=$\boxed{\text{イ }7}$：$\boxed{\text{ウ }5}$

BD=$\dfrac{7}{7+5}$×BC=$\dfrac{7}{12}$×8=$\dfrac{\boxed{\text{エオ }14}}{\boxed{\text{カ }3}}$

CD=$\dfrac{5}{7+5}$×BC=$\dfrac{5}{12}$×8=$\dfrac{\boxed{\text{キク }10}}{\boxed{\text{ケ }3}}$

方べきの定理より

BP·BA=BM·BD

BP·7=4·$\dfrac{14}{3}$　　よって，BP=$\dfrac{\boxed{\text{コ }8}}{\boxed{\text{サ }3}}$

CQ·CA=CD·CM

CQ·5=$\dfrac{10}{3}$·4　　よって，CQ=$\dfrac{\boxed{\text{コ }8}}{\boxed{\text{サ }3}}$

(2) 方べきの定理より

BP·BA=BM·BD

BP=$\dfrac{\text{BM·BD}}{\text{AB}}$　$\boxed{\text{シ ⑤}}$，$\boxed{\text{ス ②}}$

CQ·CA=CD·CM

CQ=$\dfrac{\text{CD·CM}}{\text{AC}}$　$\boxed{\text{セ ⑦}}$，$\boxed{\text{ソ ⑥}}$（順不同）

辺 AD が∠A の二等分線であるから

AB:AC=BD:CD

AC·BD=AB·CD より　AC=$\dfrac{\text{AB·CD}}{\text{BD}}$　$\boxed{\text{タ ⑦}}$，$\boxed{\text{チ ⑤}}$

CQ=$\dfrac{\text{CD·CM}}{\text{AC}}=\dfrac{\text{C̶D̶·CM·BD}}{\text{AB·C̶D̶}}$

CM=**BM** $\boxed{\text{ツ ④}}$であるから

CQ=$\dfrac{\text{BM·BD}}{\text{AB}}$=BP

22

(1) 立方体 ABCD-EFGH について

面の数は$\boxed{\text{ア }6}$，頂点の数は$\boxed{\text{イ }8}$，辺の数は$\boxed{\text{ウエ }12}$

図 2 の立体では

面の数は$\boxed{\text{オ }3}$，頂点の数は$\boxed{\text{カ }5}$，辺の数は$\boxed{\text{キ }8}$

それぞれ増加する。

一般に，凸多面体では次の式が成り立つ。

$v-e+f=2$ $\boxed{\text{ク ⓪}}$

別解

CD=$8-\dfrac{14}{3}=\dfrac{\boxed{10}}{\boxed{3}}$

← 方べきの定理

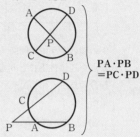

PA·PB
=PC·PD

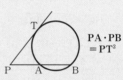

PA·PB
=PT²

← 角の二等分線の性質
　　BD:DC=AB:AC

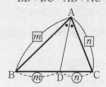

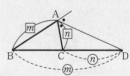

← オイラーの多面体定理
　凸多面体の頂点，辺，面の数について

$v-e+f=2$

↑　↑　↑
頂　辺　面
点

(2) (i) 3点 P, Q, E を通る平面で切った切り口は右図のように五角形 $\boxed{^{ケ}②}$ になる。

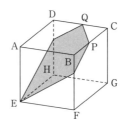

← 見やすくするために図の向きを変えている。

(ii)

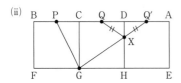

上の図のように展開図（一部）をかき，点 D に関して点 Q と対称な点を辺 AD 上にとり Q′ とする。

線分の長さの和 GX＋XQ は，GQ′ と DH の交点に X があるとき最小となる。

$$PG=\sqrt{PC^2+CG^2}=\sqrt{\left(\frac{1}{2}\right)^2+1^2}=\frac{\sqrt{5}}{2}$$

$$GQ'=\sqrt{CG^2+CQ'^2}=\sqrt{1^2+\left(\frac{3}{2}\right)^2}=\frac{\sqrt{13}}{2}$$

よって，PG＋GX＋XQ の最小値は

$$\frac{\sqrt{\boxed{^{コ}5}}}{\boxed{^{サ}2}}+\frac{\sqrt{\boxed{^{シス}13}}}{\boxed{^{セ}2}}$$

(3) △APQ が正三角形になるのは，

PQ＝$\sqrt{2}\,t$ だから

AP＝AQ＝$\sqrt{1^2+(1-t)^2}=\sqrt{2}\,t$

となるときである。よって，

$$\sqrt{1+1-2t+t^2}=\sqrt{2}\,t$$
$$t^2-2t+2=2t^2$$
$$t^2+2t-2=0$$

よって，$t=-1\pm\sqrt{3}$

$0\leqq t\leqq 1$ であるから

$$t=\sqrt{\boxed{^{ソ}3}}-\boxed{^{タ}1}$$

四面体 CPQG の体積は，右図より

△CPQ＝$\frac{1}{2}t^2$ であるから

$$\frac{1}{3}\triangle CPQ\times CG$$
← △CPQ＝$\frac{1}{2}\times CP\times CQ$
$$=\frac{1}{3}\times\frac{1}{2}t^2\times 1$$
$$=\frac{1}{6}t^2$$

$$\frac{1}{6}t^2=\frac{1}{12} より t^2=\frac{1}{2}$$

$0\leqq t\leqq 1$ であるから

$$t=\frac{\sqrt{\boxed{^{チ}2}}}{\boxed{^{ツ}2}}$$

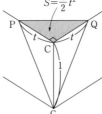

$t=\dfrac{\sqrt{2}}{2}$ のとき,

$$\text{PQ}=\sqrt{2}\,t=1$$

$$\text{PG}=\text{QG}=\sqrt{\left(\dfrac{\sqrt{2}}{2}\right)^2+1}=\dfrac{\sqrt{6}}{2}$$

であるから，G から PQ に下ろした垂線の長さを h とおくと

$$h=\sqrt{\left(\dfrac{\sqrt{6}}{2}\right)^2-\left(\dfrac{1}{2}\right)^2}=\dfrac{\sqrt{5}}{2}$$

よって，△PQG の面積は

$$\triangle\text{PQG}=\dfrac{1}{2}\times1\times\dfrac{\sqrt{5}}{2}=\dfrac{\sqrt{\boxed{\tau\ 5}}}{\boxed{\text{ト}\ 4}}$$

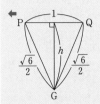

点 C から △PQG に引いた垂線を CI とすると，四面体 CPQG の体積が $\dfrac{1}{12}$ であるから

$$\dfrac{1}{3}\triangle\text{PQG}\times\text{CI}=\dfrac{1}{12}$$

$$\dfrac{1}{3}\times\dfrac{\sqrt{5}}{4}\times\text{CI}=\dfrac{1}{12}$$

よって，$\text{CI}=\dfrac{\sqrt{\boxed{\text{ナ}\ 5}}}{\boxed{\text{ニ}\ 5}}$

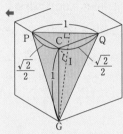

23

(1) TU⊥QR となるのは平面 PUT⊥QR のときである。
平面上の 2 つの線分 PT と PU について **QR⊥PT，QR⊥PU** であるから平面 PUT⊥QR がいえる。
よって，$\boxed{\text{ア}\ ⓪}$，$\boxed{\text{イ}\ ⑤}$（順不同）

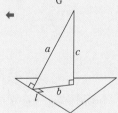

$l\perp a,\ l\perp b\implies l\perp c$
$l\perp b,\ l\perp c\implies l\perp a$
$l\perp c,\ l\perp a\implies l\perp b$
直線 l が平面上の 2 直線に垂直なとき，l は平面上の他の直線とも垂直になる。

(2) △ABE，△ACE，△ADE において
$$\angle\text{AEB}=\angle\text{AEC}=\angle\text{AED}=90°$$
AB＝AC＝AD，AE は共通であるから，直角三角形において，斜辺とその他の 1 辺が等しいので合同である。$\boxed{\text{ウ}\ ④}$
したがって，BE＝CE＝DE であるから，点 E は △BCD の外心である。

(3) △BCD は正三角形であるから点 E は △BCD の**重心，内心，垂心**でもある。よって，$\boxed{\text{エ}\ ⑥}$

(4) 四面体 ABCD が正四面体であるとき，点 E は △BCD の外心である。
一方，点 E が △BCD の外心であっても，四面体 ABCD は正四面体にならないこともある。

点 E が △BCD の外心 $\xLeftarrow{\text{オ}}{\Longrightarrow}$ 四面体 ABCD が正四面体

よって，点 E が △BCD の外心であることは必要条件であるが，十分条件ではない。$\boxed{\text{オ}\ ①}$

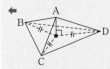

正四面体にならない例

(5) △AFD にチェバの定理を適用して

$$\frac{AI}{IF}\cdot\frac{FE}{ED}\cdot\frac{DG}{GA}=1$$

> E は △BCD の重心より
> DE : EF = 2 : 1

$$\frac{AI}{IF}\cdot\frac{1}{2}\cdot\frac{2}{3}=1 \quad より \quad \frac{AI}{IF}=3$$

よって，AI : IF = $\boxed{^{カ}3}$: $\boxed{^{キ}1}$

また，△AFE と ID にメネラウスの定理を適用して

$$\frac{AI}{IF}\cdot\frac{FD}{DE}\cdot\frac{EH}{HA}=1$$

$$\frac{3}{1}\cdot\frac{3}{2}\cdot\frac{EH}{HA}=1 \quad より \quad \frac{EH}{HA}=\frac{2}{9}$$

よって，AH : HE = $\boxed{^{ク}9}$: $\boxed{^{ケ}2}$

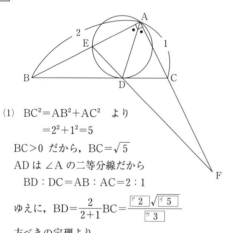

(6) 正四面体 ABCD の体積を V とすると

$$V_1=四面体 GBCD=\frac{2}{5}V \leftarrow AD : GD=(3+2) : 2=5 : 2$$

$$V_2=四面体 HBCD=\frac{2}{11}V \leftarrow AE : HE=(9+2) : 2=11 : 2$$

$$V_3=四面体 IBCD=\frac{1}{4}V \leftarrow AF : IF=(3+1) : 1=4 : 1$$

← 四面体の底面はすべて △BCD
であるから，高さの比で考える。

よって，

$$V_1 : V_2 : V_3=\frac{2}{5}V : \frac{2}{11}V : \frac{1}{4}V=\boxed{^{コサ}88} : \boxed{^{シス}40} : \boxed{^{セソ}55}$$

24

← 題意に添った正確な図をかく。

(1) $BC^2=AB^2+AC^2$ より
$$=2^2+1^2=5$$

BC > 0 だから，BC = $\sqrt{5}$

AD は ∠A の二等分線だから

BD : DC = AB : AC = 2 : 1

ゆえに，BD = $\dfrac{2}{2+1}$BC = $\dfrac{\boxed{^{ア}2}\sqrt{\boxed{^{イ}5}}}{\boxed{^{ウ}3}}$

方べきの定理より

BE・BA = BD² だから

$$AB\cdot BE=\left(\frac{2\sqrt{5}}{3}\right)^2=\frac{\boxed{^{エオ}20}}{\boxed{^{カ}9}}$$

AB = 2 を代入して

$$2BE=\frac{20}{9} \quad よって，BE=\frac{\boxed{^{キク}10}}{\boxed{^{ケ}9}}$$

(2) $\dfrac{BE}{BD}=\dfrac{\dfrac{10}{9}}{\dfrac{2\sqrt5}{3}}=\dfrac{10}{9}\times\dfrac{3}{2\sqrt5}=\dfrac{\sqrt5}{3}\left(=\dfrac{5\sqrt5}{15}\right)$

$\dfrac{AB}{BC}=\dfrac{2}{\sqrt5}=\dfrac{2\sqrt5}{5}\left(=\dfrac{6\sqrt5}{15}\right)$

$\dfrac{BE}{BD}<\dfrac{AB}{BC}$　よって，$^{コ}⓪$

また，$\dfrac{BE}{BD}<\dfrac{AB}{BC}\iff\dfrac{BE}{AB}<\dfrac{BD}{BC}$

が成り立つから，2 直線 AC と BD の交点は，辺 AC の端点 C の側の延長上にある。よって，$^{サ}④$

△ABC と EF でメネラウスの定理より

$\dfrac{AE}{EB}\cdot\dfrac{BD}{DC}\cdot\dfrac{CF}{FA}=1$　……①

$AE=2-BE=2-\dfrac{10}{9}=\dfrac{8}{9}$　より

$AE:EB=8:10=4:5$

$BD:DC=2:1$

これらを①に代入して

$\dfrac{4}{5}\cdot\dfrac{2}{1}\cdot\dfrac{CF}{FA}=1$　よって，$\dfrac{CF}{AF}=\dfrac{^{シ}5}{^{ス}8}$

$AF=1+CF$　だから　$\dfrac{CF}{1+CF}=\dfrac{5}{8}$

$8CF=5+5CF$　より　$CF=\dfrac{^{セ}5}{^{ソ}3}$

$BF^2=AB^2+AF^2$
$=2^2+\left(\dfrac{8}{3}\right)^2=\dfrac{100}{9}$

$BF>0$　だから，$BF=\sqrt{\dfrac{100}{9}}=\dfrac{10}{3}$

$\dfrac{CF}{AC}=\dfrac{BF}{AB}=\dfrac{5}{3}$　となるから，BC は ∠ABF の二等分線である。

よって，点 D は △ABF の内心である。よって，$^{タ}①$

$\Leftarrow$ $\dfrac{BE}{BD}<\dfrac{AB}{BC}$ の両辺に $\dfrac{BD}{AB}$ を掛けると $\dfrac{BE}{AB}<\dfrac{BD}{BC}$ となる。そこで AB：BE，BC：BD の線分の比を考える。

$\dfrac{BE}{AB}=\dfrac{BD}{BC}$ のとき ED∥AC となる。

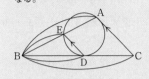

Final Step ファイナルステップ

数学Ⅰ 1 数と式

1

(1) $2x^2+(4c-3)x+2c^2-c-11=0$ ……①

$c=1$ のとき，①は

$$2x^2+x-10=0$$

$$(\boxed{^{7}2}\,x+\boxed{^{7}5})(x-\boxed{^{7}2})=0 \quad \text{より} \quad x=-\frac{5}{2},\ 2$$

(2) $c=2$ のとき，①は

$$2x^2+5x-5=0$$

$$x=\frac{-5\pm\sqrt{5^2-4\cdot2\cdot(-5)}}{4}=\frac{-\boxed{^{x}5}\pm\sqrt{\boxed{^{\pi\pi}65}}}{\boxed{^{+}4}}$$

大きい方の解 α は

$$\alpha=\frac{-5+\sqrt{65}}{4} \quad \text{だから}$$

$$\frac{5}{\alpha}=\frac{5\cdot4}{-5+\sqrt{65}}=\frac{20(-5-\sqrt{65})}{(-5+\sqrt{65})(-5-\sqrt{65})}$$

$$=\frac{20(-5-\sqrt{65})}{-40}=\frac{\boxed{^{7}5}+\sqrt{\boxed{^{5}65}}}{\boxed{^{5}2}}$$

← $\dfrac{20}{\sqrt{65}-5}=\dfrac{20(\sqrt{65}+5)}{(\sqrt{65}-5)(\sqrt{65}+5)}$

$\qquad\qquad =\dfrac{\sqrt{65}+5}{2}$

と計算してもよい。

また，

$$\sqrt{64}<\sqrt{65}<\sqrt{81} \quad \text{だから} \quad 8<\sqrt{65}<9$$

← $\sqrt{65}$ を自然数ではさみ込む。

両辺に 5 を加えて $\qquad 13<5+\sqrt{65}<14$

両辺を 2 で割って $\qquad 6.5<\dfrac{5+\sqrt{65}}{2}<7$

$$m<\frac{5}{\alpha}<m+1$$

を満たす自然数 m は $\boxed{^{5}6}$ である。

(3) ①の解は

$$x=\frac{-(4c-3)\pm\sqrt{(4c-3)^2-4\cdot2(2c^2-c-11)}}{4}$$

$$=\frac{-(4c-3)\pm\sqrt{97-16c}}{4}$$

x が有理数になるのは，$D=97-16c$ とおくと D が平方数のときである。

← $x=\dfrac{-(4c-3)\pm\sqrt{D}}{4}$

$D=n^2$ であるとき $\sqrt{D}$ の $\sqrt{}$ がはずれる。

$$D=97-16c\geqq0 \quad \text{より} \quad c\leqq\frac{97}{16}=6.0625 \quad \text{だから}$$

$c=1$ のとき $\quad D=81=9^2$

$c=2$ のとき $\quad D=65$

$c=3$ のとき $\quad D=49=7^2$

$c=4$ のとき $\quad D=33$

$c=5$ のとき $\quad D=17$

$c=6$ のとき $\quad D=1=1^2$

よって，適する c の個数は $\boxed{^{x}3}$ 個である。

2

(1) $\dfrac{7}{4}=1.75$ であるから

整数部分は 1 `ア⓪`，小数部分は 0.75 `イ⑤`

$-\dfrac{7}{4}=-1.75=\underset{\uparrow}{-2}+\underset{\uparrow}{0.25}$ より

└─ 小数部分は必ず 0 以上で表す

└─ -1.75 を超えない最大の整数

整数部分は -2 `ウ③`，小数部分は 0.25 `エ④`

$\sqrt{3}$ については $\underline{1}<\sqrt{3}<\underline{2}$ （`オ⓪`，`カ②`）であるから

整数部分は 1 `キ⓪`，小数部分は $\sqrt{3}-\underline{1}$ `ク⓪`

$5\sqrt{3}=\sqrt{5^2\times 3}=\sqrt{75}$ であるから

$8<\sqrt{75}<9$ ← $8=\sqrt{64}$，$9=\sqrt{81}$ の連続する自然数ではさむ

よって，整数部分は 8 `ケ⑧`

$8<5\sqrt{3}<9$

$-9<-5\sqrt{3}<-8$ ←── 各辺に -1 を掛ける

$-6<3-5\sqrt{3}<-5$ ←── 各辺に 3 を加える

$-1<\dfrac{3-5\sqrt{3}}{6}<-\dfrac{5}{6}$ ←── 各辺を 6 で割る

よって，$\dfrac{3-5\sqrt{3}}{6}$ の整数部分は -1 であるから

小数部分は $\dfrac{3-5\sqrt{3}}{6}-(-1)=\dfrac{9-5\sqrt{3}}{6}$ `コ⑨`

(2) (i) $\dfrac{1}{4}$，$\dfrac{2}{4}$，$\dfrac{3}{4}$，$\dfrac{4}{4}$，$\dfrac{5}{4}$，…… の小数部分は

$\downarrow$　$\downarrow$　$\downarrow$　$\downarrow$　$\downarrow$

0.25，0.5，0.75，0，0.25，…… であるから，

$n=10$ のとき

$S=\left\langle\dfrac{1}{4}\right\rangle+\left\langle\dfrac{2}{4}\right\rangle+\left\langle\dfrac{3}{4}\right\rangle+\cdots+\left\langle\dfrac{10}{4}\right\rangle$

$=(0.25+0.5+0.75+0)+(0.25+0.5+0.75+0)+0.25+0.5$

$=1.5+1.5+0.75=$ `サ3`．`シス75`

(ii) S は

$\underline{0.25+0.5+0.75+0}=\dfrac{3}{2}$ が繰り返される和だから

└── 4 つの項がこの順で繰り返される

$99\div\dfrac{3}{2}=66$ より 66 回繰り返される。

よって，n が $66\times 4=264$ のとき，$S=99$ となる。

ただし，$n=264$ のとき $\left\langle\dfrac{264}{4}\right\rangle=0$ であり，$n=263$ のときも

$S=99$ となるから，求める n は

$\underline{263 \ \text{と} \ 264}$ `セ⑤`

←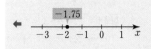

← $1<\sqrt{3}<2$ の両辺を 5 倍して
$5<5\sqrt{3}<10$
としてしまうと，整数を 1 つに絞り込めない。

← $\left\langle\dfrac{n}{4}\right\rangle$ を一般的に表すと
k を自然数として
$\left\langle\dfrac{n}{4}\right\rangle=\begin{cases}0.25 & (n=4k-3)\\0.5 & (n=4k-2)\\0.75 & (n=4k-1)\\0 & (n=4k)\end{cases}$

(3) (i) 整数部分の定義より

$$n \le x < n+1 \quad \boxed{^\text{ソ} ⓪}$$

(ii) $5 \le \dfrac{a}{2+\sqrt{3}} < 6$ より

$$5(2+\sqrt{3}) \le a < 6(2+\sqrt{3})$$

$$10+5\sqrt{3} \le a < 12+6\sqrt{3}$$

(1)より $8 < 5\sqrt{3} < 9$ であるから

  各辺に 10 を加える

$$18 < 10+5\sqrt{3} < 19 \quad \cdots\cdots ①$$

また，$6\sqrt{3} = \sqrt{108}$

  $\sqrt{100} < \sqrt{108} < \sqrt{121}$

$10 < \sqrt{108} < 11$ であるから

  各辺に 12 を加える

$$22 < 12+6\sqrt{3} < 23 \quad \cdots\cdots ②$$

①，②より

$$19 \le a \le 22$$

よって，自然数は $\boxed{^\text{タ} 4}$ 個あり，その中で最小のものは $\boxed{^\text{チツ} 19}$ である。

(iii) $3 \le \sqrt{N} < 4$ より $9 \le N < 16$

自然数 N の個数は

$$15-9+1 = \boxed{^\text{テ} 7} \text{ (個)}$$

$n \le \sqrt{N} < n+1$ より $n^2 \le N < (n+1)^2$

自然数 N の個数は

$$\{(n+1)^2-1\}-n^2+1 = \underline{2n+1} \text{ (個)} \quad \boxed{^\text{ト} ③}$$

←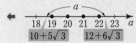

$\sqrt{3} \fallingdotseq 1.7$ として次のように計算して求めることもできる。

$$10+5\sqrt{3} \fallingdotseq 10+5 \times 1.7 = 18.5$$

$$12+6\sqrt{3} \fallingdotseq 12+6 \times 1.7 = 22.2$$

← 不等式を満たす整数の個数
・不等式の両端の値を数直線上にかく
・(右端の値)−(左端の値)+1
(例題 12)

←

$$N = \{(n+1)^2-1\}-n^2+1$$
$$= 2n+1$$

数直線上に図示して考えると間違いは少ない。

数学Ⅰ 2 集合と論証

3

(1) $x^2-x-12=0$

$(x+3)(x-4)=0$

よって，$x=\boxed{^{アイ}-3}$，$\boxed{^{ウ}4}$

$x^2-(2a+2)x+a^2+2a=0$

$x^2-(2a+2)x+a(a+2)=0$

$(x-a)(x-a-2)=0$

よって，$x=\underline{a}$，$\underline{a+2}$

$\underline{a<a+2}$ であるから，$\boxed{^{エ}②}$，$\boxed{^{オ}④}$

①の不等式の解は

$\underline{x\leqq-3,\ 4\leqq x}$

であるから，$\boxed{^{カ}⓪}$

②の不等式の解は

$\underline{a\leqq x\leqq a+2}$

であるから，$\boxed{^{キ}①}$

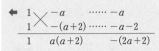

(2) (i) $a=2$ のとき，②の解は $2\leqq x\leqq 4$ であるから

①，②を同時に満たす整数は

$x=\underline{4}$ の $\boxed{^{ク}1}$ 個

$a=3$ のとき，②の解は $3\leqq x\leqq 5$ であるから

①，②を同時に満たす整数は

$x=\underline{4,\ 5}$ の $\boxed{^{ケ}2}$ 個

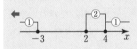

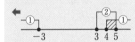

(ii) ②を満たす整数の個数は

a が$\underline{整数}$のとき 3 個

a が$\underline{整数でない}$とき 2 個

よって，$\boxed{^{コ}⓪}$

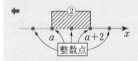

(iii) ②を満たす整数の和が 33 になるのは

a が整数のとき，整数の個数が 3 個だから

$a+(a+1)+(a+2)=33$ より

$a=\boxed{^{サシ}10}$

a が整数でないとき，整数の個数が 2 個だから

$33=16+17$ より

2 つの整数は 16，17 とわかる。

$a<16,\ 17<a+2$ より

$\boxed{^{スセ}15}<a<\boxed{^{ソタ}16}$

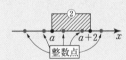

積が 56 になるのは

$7\times 8=56$，$(-7)\times(-8)=56$ であるから

$\boxed{^{チツ}-9}<a<\boxed{^{テト}-8}$，$\boxed{^{ナ}6}<a<\boxed{^{ニ}7}$

$56=2^3\times 7$ より，連続する 3 つ
の整数の積は 56 にならない。

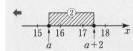

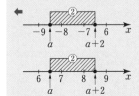

(3) (ⅰ) 右の数直線の図より

$A \cap B = \varnothing$ となるのは

$-3 < a$ かつ $a+2 < 4$ のとき

よって，$\boxed{^{ヌネ}-3} < a < \boxed{^{ノ}2}$

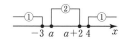

(ⅱ) $a=3$ のとき②の解は $3 \leqq x \leqq 5$ であるから

$\overline{B} = \{x \mid x < 3,\ 5 < x\}$ である。

$A \cap \overline{B}$ を数直線上に表すと右の

図のようになる。

よって，$\boxed{^{ハ}④}$

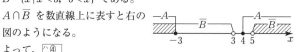

(ⅲ) a がどのような値をとっても成り立たない集合の関係は

$\overline{A} \subset B$ と $A = B$ $\boxed{^{ヒ}①}$，$\boxed{^{フ}④}$（順不同）

(4) $a=-6$ のとき，条件 q は $-6 \leqq x \leqq -4$

p と q を満たす x の集合をそれぞれ P，Q として図示すると

$p \overset{\times}{\underset{\longleftarrow}{\Longrightarrow}} q$ となるから

p は q であるための**必要条件であるが十分条件ではない。**$\boxed{^{ヘ}①}$

「$\overline{p}$ は $\overline{q}$ であるための十分条件であるが，必要条件でない」となる

には $\overline{p} \underset{\times}{\overset{\circ}{\rightleftarrows}} \overline{q}$ となればよい。

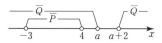

図より $\overline{P} \subset \overline{Q}$ となるのは $4 \leqq a$ のとき

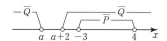

図より $\overline{P} \subset \overline{Q}$ となるのは $a+2 \leqq -3$ より $a \leqq -5$ のとき

以上より，

$a \leqq -5$ または $4 \leqq a$ $\boxed{^{ホ}④}$

←

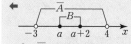

⓪ $\overline{A} \supset B$ は成り立つ。

① $\overline{A} \subset B$ は成り立たない。

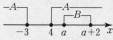

② $A \supset B$ は成り立つ。

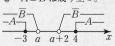

③ $A \subset \overline{B}$ は成り立つ。

④ A と B が同じ集合になること
はないから成り立たない。

数学I 3　2次関数

4

(1)　ストライドとピッチを掛ければよいから

$$xz \quad ^{ア}②$$

よって，タイムは

$$\frac{100}{xz} \quad \cdots\cdots①$$

と表される。

→　求めたいものは $\dfrac{距離（m）}{時間（秒）}$

　　ストライドは $\dfrac{100（m）}{歩数（歩）}$

　　ピッチは $\dfrac{歩数（歩）}{タイム（秒）}$

(2)　$z=ax+b$ とすると

　ストライドが大きくなると，ピッチは小さくなるので，a は負

$$a=\frac{-0.1}{0.05}=-2$$

→　1次関数は $ax+b$ の形で表せる。

1回目のデータより，$z=-2x+b$ に $x=2.05$，$z=4.70$ を代入して

$$4.70=-2\times2.05+b$$

$$b=8.8=\frac{44}{5}$$

→　2回目のデータ
$x=2.10$，$z=4.60$
3回目のデータ
$x=2.15$，$z=4.50$
を代入してもよい。

よって，$z=\boxed{^{イウ}-2}x+\dfrac{\boxed{^{エオ}44}}{5} \quad \cdots\cdots②$

ここで，ピッチの最大値が4.80であるから

$$-2x+\frac{44}{5}\leqq4.80$$

$$-10x+44\leqq24$$

$$x\geqq2.00$$

ストライドの最大値が2.40であることと合わせて

$$\boxed{^{カ}2}\cdot\boxed{^{キク}00}\leqq x\leqq2.40$$

$y=xz$ に②を代入すると

$$y=x\left(-2x+\frac{44}{5}\right)=-2x^2+\frac{44}{5}x$$

$$=-2\left(x-\frac{11}{5}\right)^2+\frac{242}{25}$$

よって，$x=\dfrac{11}{5}=\boxed{^{ケ}2}\cdot\boxed{^{コサ}20}$ のとき，y は最大となり，

最大値は $\dfrac{242}{25}$

→　$2.00\leqq2.20\leqq2.40$ であるから，グラフの頂点は定義域内にある。

このとき，ピッチ z は

$$z=-2\times\frac{11}{5}+\frac{44}{5}=\frac{22}{5}=\boxed{^{シ}4}\cdot\boxed{^{スセ}40}$$

であり，タイムは①より

$$\frac{100}{2.20\times4.40}=\frac{100}{\dfrac{11}{5}\times\dfrac{22}{5}}=\frac{2500}{11\times22}$$

$$=\frac{2500}{242}=10.330\cdots\cdots$$

よって，最も適当な値は

$$10.33 \quad ^{ソ}③$$

→　$\dfrac{25}{2.20\times1.10}=\dfrac{25}{2.42}$ として計算してもよい。

```
        10.330
242)2500.000
    242
    ────
     800
     726
    ────
     740
     726
    ────
     140
```

5

(1) $f(x)=(x+1)(x-3)(x^2-2x-1)$

$=(x^2-\boxed{^{7}2}\,x-\boxed{^{4}3})(x^2-2x-1)$

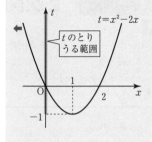

共通な項が出てくるように
展開して，それを t とおく。

$x^2-2x=t$ とおくと

$f(x)=g(t)=(t-3)(t-1)$

$=t^2-\boxed{^{7}4}\,t+\boxed{^{x}3}$

$t=x^2-2x=(x-1)^2-1$ であるから

$\underline{t\geqq -1}\ \boxed{^{7}③}$

関数 $g(t)$ は

$g(t)=(t-\boxed{^{7}2})^2-\boxed{^{+}1}$

$t=\boxed{^{7}2}$ （$t\geqq -1$ を満たしている）のとき，最小値 $\boxed{^{7}-1}$ をとる。

このときの x の値は

$x^2-2x=2$ より $x^2-2x-2=0$

よって，$\underline{x=1\pm\sqrt{3}}\ \boxed{^{サ}②}$，$\boxed{^{シ}③}$ （順不同）

である。

(2) $t=(x-1)^2-1\geqq -1$ であり，$x=1$ は $1-a\leqq x\leqq 1+a$ を満たす
から，$g(t)$ の定義域は

$t\geqq \boxed{^{スセ}-1}$

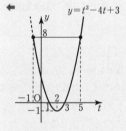

$t=-1$ のとき

$g(-1)=(-1)^2-4(-1)+3=\boxed{^{ソ}8}$

$g(t)>8$ とすると

$t^2-4t+3>8$

$(t+1)(t-5)>0$

$t\geqq -1$ であるから

$t>\boxed{^{タ}5}$

$f(x)>8$，すなわち $t>5$ となる x の範囲は

$x^2-2x>5$

$x^2-2x-5>0$

$x<1-\sqrt{\boxed{^{チ}6}}$，$1+\sqrt{\boxed{6}}<x$

$1-a\leqq x\leqq 1+a$ のときの $f(x)$ の最大値は

$0<a<\sqrt{6}$ のとき $\boxed{^{ツ}8}$

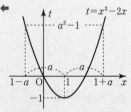

定義域が $1-a\leqq x\leqq 1+a$ で与
えられたとき，$t=x^2-2x$ のグラ
フは $x=1$ を中心として左右対
称に広がっていく。

$\sqrt{6}\leqq a$ のとき，$x=1\pm a$ すなわち $t=\{(1\pm a)-1\}^2-1=a^2-1$
で最大値をとり

$f(1\pm a)=g(a^2-1)$

$=\{(a^2-1)-2\}^2-1$

$=(a^2-3)^2-1$

$=a^4-\boxed{^{テ}6}\,a^2+\boxed{^{ト}8}$

(3) 2次関数のグラフの軸と定義域の位置関係より，軸から遠い方の
x の値で最大になる。したがって，グラフの軸が定義域の中央より

[1] 右側にくるときは左端
[2] 左側にくるときは右端

で最大になる。

よって，ナ ②

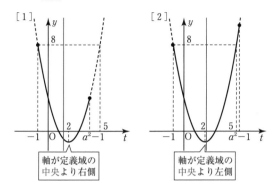

◆ t のとりうる値の範囲は
$x=1\pm a$ のとき $t=a^2-1$ であ
るから $-1\le t\le a^2-1$

数学I 4 図形と計量

6

(1) 移動を開始してから t 秒後の P, Q, R の位置は下図のようになっている。

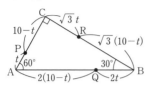

◆ 点 P, Q, R はそれぞれ点 A, B, C を出発して, 同時に点 C, A, B に到着するから速さはそれぞれ毎秒 1, 2, $\sqrt{3}$ で, t 秒後の距離は AP$=t$, BQ$=2t$, CR$=\sqrt{3}\,t$

(i) 2 秒後の距離は

$$AP=2, \quad AQ=2(10-2)=16$$

であるから, 余弦定理より

$$PQ^2=2^2+16^2-2\cdot2\cdot16\cos60°$$
$$=4+256-32=228$$

よって, $PQ=\sqrt{228}=\boxed{^{ア}2}\sqrt{\boxed{^{イウ}57}}$

また, $\triangle APQ$ の面積 S は

$$S=\frac{1}{2}AP\cdot AQ\sin60°$$
$$=\frac{1}{2}\cdot2\cdot16\cdot\frac{\sqrt{3}}{2}=\boxed{^{エ}8}\sqrt{\boxed{^{オ}3}}$$

(ii) $PR^2=CP^2+CR^2$
$$=(10-t)^2+(\sqrt{3}\,t)^2$$
$$=4t^2-20t+100$$

ただし, $0\leqq t\leqq10$ である。

$$y=4t^2-20t+100$$
$$=4\left(t-\frac{5}{2}\right)^2+75 \quad (0\leqq t\leqq10)$$

◆ t のとり得る値の範囲をおさえておくことが大切。

と変形してグラフをかくと次の図のようになる。

⓪〜④の値を 2 乗すると

⓪ $(5\sqrt{2})^2=50$

① $(5\sqrt{3})^2=75$

② $(4\sqrt{5})^2=80$

③ $10^2=100$

④ $(10\sqrt{3})^2=300$

グラフの y の値を考えて, PR^2 の値として

とり得ない値は $(5\sqrt{2})^2=50$ $\boxed{^{カ}⓪}$

一回だけとり得る値は

$$(5\sqrt{3})^2=75, \quad (10\sqrt{3})^2=300 \quad \boxed{^{キ}①}, \quad \boxed{^{ク}④} \quad (順不同)$$

二回だけとり得る値は

$$(4\sqrt{5})^2=80, \quad 10^2=100 \quad \boxed{^{ケ}②}, \quad \boxed{^{コ}③} \quad (順不同)$$

(iii) $S_1=\triangle APQ=\dfrac{1}{2}t\cdot2(10-t)\sin60°=\dfrac{\sqrt{3}}{2}t(10-t)$

$S_2=\triangle BQR=\dfrac{1}{2}\cdot2t\cdot\sqrt{3}(10-t)\sin30°=\dfrac{\sqrt{3}}{2}t(10-t)$

$S_3=\triangle CRP=\dfrac{1}{2}\cdot\sqrt{3}\,t\cdot(10-t)=\dfrac{\sqrt{3}}{2}t(10-t)$

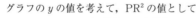

よって，
時刻に関係なく $S_1=S_2=S_3$ である。 $^{サ}⑤$

(2)

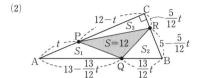

△ABC の面積は $\dfrac{1}{2}\times5\times12=30$

3 点 P，Q，R は(1)と同様，三角形の辺上を同じ割合で動くので，(1)の(iii)より $S_1=S_2=S_3$ である。

よって，△PQR の面積が 12 となるのは，
$3S_3=30-12=18$ より $S_3=6$ のときである。

移動を開始してから t 秒後の P，R の位置より

$$S_3=\frac{1}{2}\cdot(12-t)\cdot\frac{5}{12}t=6$$

$$\frac{5}{24}(12t-t^2)=6$$

$$5t^2-60t=-144$$

$5t^2-60t+144=0$ を解いて

$$t=\frac{30\pm\sqrt{900-720}}{5}=\frac{\boxed{^{シス}30}\pm\boxed{^{セ}6}\sqrt{\boxed{^{ソ}5}}}{\boxed{^{タ}5}}\quad(秒後)$$

← (1)と同様に，点 P，Q，R の速さは毎秒 1，$\dfrac{13}{12}$，$\dfrac{5}{12}$ で，t 秒後の距離は
$$\mathrm{AP}=t,\ \mathrm{BQ}=\frac{13}{12}t,\ \mathrm{CR}=\frac{5}{12}t$$

← $S_1=S_2=S_3$ なので一番面積の求めやすい S_3 を求める。

← BC 上の点 R の速さは
AC：BC＝12：5 であるから
$\dfrac{5}{12}t$ と表される。

7

(1) $\sin A=\sqrt{1-\cos^2 A}=\sqrt{1-\left(\dfrac{3}{5}\right)^2}$

$\qquad =\sqrt{1-\dfrac{9}{25}}=\sqrt{\dfrac{16}{25}}=\dfrac{\boxed{^{ア}4}}{\boxed{^{イ}5}}$

△ABC $=\dfrac{1}{2}\cdot6\cdot5\cdot\sin A=\dfrac{1}{2}\cdot6\cdot5\cdot\dfrac{4}{5}=\boxed{^{ウエ}12}$

△AID の面積は

$$△AID=\frac{1}{2}\cdot\mathrm{AI}\cdot\mathrm{AD}\cdot\sin\angle\mathrm{IAD}$$

と表せて，

$\mathrm{AI}=\mathrm{CA}=b=6$
$\mathrm{AD}=\mathrm{AB}=c=5$
$\angle\mathrm{IAD}=180°-A$

であるから

$$△AID=\frac{1}{2}\cdot6\cdot5\cdot\sin(180°-A)=\frac{1}{2}\cdot6\cdot5\cdot\sin A$$

$$=\frac{1}{2}\cdot6\cdot5\cdot\frac{4}{5}=\boxed{^{オカ}12}$$

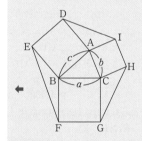

別解

$$△ABC=\frac{1}{2}bc\sin A$$

$$△AID=\frac{1}{2}bc\sin(180°-A)$$

$$=\frac{1}{2}bc\sin A$$

より，△AID＝△ABC＝$\boxed{^{オカ}12}$

← ∠BAD と ∠CAI は正方形の内角であるから 90° より ∠IADと A の和は 180°

(2) $S_1=a^2$, $S_2=b^2$, $S_3=c^2$ であるから
$$S_1-S_2-S_3=a^2-b^2-c^2$$
$0°<A<90°$ のとき, $a^2<b^2+c^2$ より
$S_1-S_2-S_3=a^2-b^2-c^2$ は負の値である。キ②
$A=90°$ のとき, $a^2=b^2+c^2$ より
$S_1-S_2-S_3=a^2-b^2-c^2$ は0である。ク⓪
$90°<A<180°$ のとき, $a^2>b^2+c^2$ より
$S_1-S_2-S_3=a^2-b^2-c^2$ は正の値である。ケ①

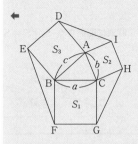

(3) $T_1=\dfrac{1}{2}bc\sin(180°-A)=\dfrac{1}{2}bc\sin A=\triangle ABC$

$T_2=\dfrac{1}{2}ca\sin(180°-B)=\dfrac{1}{2}ca\sin B=\triangle ABC$

$T_3=\dfrac{1}{2}ab\sin(180°-C)=\dfrac{1}{2}ab\sin C=\triangle ABC$

であるから, a, b, c の値に関係なく, $T_1=T_2=T_3$ コ③

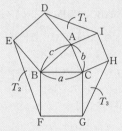

(4) $0°<A<90°$ のとき
$\triangle ABC$ において, $BC^2<b^2+c^2$
また, $\triangle AID$ において, $\angle IAD=180°-A>90°$ より
$ID^2>b^2+c^2$
よって, $BC^2<b^2+c^2<ID^2$ すなわち ID>BC サ②
次に, $\triangle ABC$, $\triangle AID$, $\triangle BEF$, $\triangle CGH$ の外接円の半径を
$\triangle ABC\cdots R$, $\triangle AID\cdots R_1$, $\triangle BEF\cdots R_2$, $\triangle CGH\cdots R_3$
とすると, $\triangle ABC$ と $\triangle AID$ の外接円の半径について
$$\dfrac{BC}{\sin A}=2R, \quad \dfrac{ID}{\sin(180°-A)}=\dfrac{ID}{\sin A}=2R_1$$
であるから, ID>BC より
$R_1>R$ シ②
$0°<A<B<C<90°$ のとき
$\triangle ABC$ と $\triangle BEF$, $\triangle ABC$ と $\triangle CGH$ についても, $\triangle ABC$ と
$\triangle AID$ と同様に
$R_2>R$, $R_3>R$
がいえる。
よって, R, R_1, R_2, R_3 の中で最も小さいものは R である。
すなわち, 外接円の半径が最も小さい三角形は $\triangle ABC$ ス⓪
$0°<A<B<90°<C$ のとき
$\triangle ABC$ と $\triangle AID$, $\triangle ABC$ と $\triangle BEF$ については,
$0°<A<B<90°$ より
$R_1>R$, $R_2>R$
である。
また, $90°<C$ であるから
$R_3<R$
よって, R, R_1, R_2, R_3 の中で最も小さいものは R_3 である。
すなわち, 外接円の半径が最も小さい三角形は $\triangle CGH$ セ③

別解
$\triangle AID$ に余弦定理を用いると
$$ID^2$$
$$=b^2+c^2-2bc\cos(180°-A)$$
$$=b^2+c^2+2bc\cos A \quad\cdots\cdots①$$
$\triangle ABC$ に余弦定理を用いると
$$BC^2$$
$$=b^2+c^2-2bc\cos A \quad\cdots\cdots②$$
$0°<A<90°$ のとき $\cos A>0$
であるから
①>②
よって, ID>BC サ②

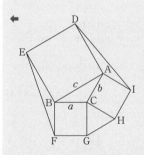

数学Ⅰ 5 データの分析

8

(1) データの総数が 40 の場合

Q_1 は下から 10 番目と 11 番目の平均値であるから

$$Q_1 = \frac{13+13}{2} = 13$$

Q_3 は上から 10 番目と 11 番目の平均値であるから

$$Q_3 = \frac{25+25}{2} = 25$$

よって，四分位範囲は $Q_3 - Q_1 = 25 - 13 = \boxed{\text{アイ } 12}$

外れ値の定義に従って計算すると

$13 - 1.5 \times 12 = -5$　データは正の値なので不適

$25 + 1.5 \times 12 = 43$

よって，外れ値は 43 以上だから，その個数は 47，48，56 の $\boxed{\text{ウ } 3}$

（データ数が 40 の場合）

最小値　平均値 Q_1　平均値 Q_2　平均値 Q_3　最大値

(2) (i) 1 km あたりの所要時間を h（分/km）とすると

$$h = \frac{(\text{所要時間})}{(\text{移動距離})}$$ で表される。散布図は図 1 である。

「移動距離」「所要時間」の平均値がそれぞれ 22，38 だから，h の平均値は

$$h = \frac{38}{22} \fallingdotseq 1.7$$ となる。

これを満たす箱ひげ図は $\boxed{\text{エ ②}}$

A について，h の値はおよそ

$$h \fallingdotseq \frac{72}{13} = 5.5$$

B について，h の値はおよそ

$$h \fallingdotseq \frac{37}{6} = 6.16\cdots$$

よって，外れ値は A と B である。$\boxed{\text{オ ⓪}}$，$\boxed{\text{カ ①}}$（順不同）

← 図 1 のグラフで，移動距離を x，所要時間を y とすると，1 km あたりの所要時間 h は $h = \dfrac{y}{x}$ と表される。

← 散布図に，次のような直線を引くと，h の値とその個数が見てとれる。$h = 1$ と $h = 3$ の間に多くの点が分布していることからも判断できる。

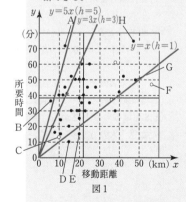

図 1

(ii) (I) 「費用」と「所要時間」の散布図（図2）に，新空港の点を
加えると
　　　新空港より「費用」が高いものが3つ，
　　　新空港より「所要時間」が短いものが1つ
あることがわかる。
よって，誤り。

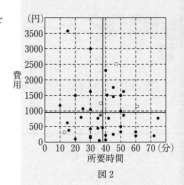

（円）

費用

0 10 20 30 40 50 60 70（分）
所要時間
図2

(II) 新たに加わるデータの22は平均値と同じ値であるから偏差
の2乗の和は変化しない。しかし，データの数が1個増えてい
るから標準偏差は小さくなる。よって，誤り。

参考 $\dfrac{（偏差の2乗の和）}{40} > \dfrac{（偏差の2乗の和）}{40+1}$

(III) 図1，図2，図3の変量について，どれも平均値と同じ値が
加わるから，変量間の相関係数は変化しない。よって，正しい。
ゆえに，正しいものは誤，誤，正 ⬛⑥

⬅ $分散 = \dfrac{（偏差の2乗の和）}{（データの数）}$
標準偏差 $= \sqrt{分散}$
相関係数
$= \dfrac{（x と y の共分散）}{（x の標準偏差）\times（y の標準偏差）}$

参考 平均値に等しい，ある新しいデータ x_{n+1}, y_{n+1} が加わ
ったときの相関係数は

$$\dfrac{\dfrac{1}{n+1}\{(x_1-\overline{x})(y_1-\overline{y})+\cdots+(x_n-\overline{x})(y_n-\overline{y})+\overset{0}{\overbrace{(x_{n+1}-\overline{x})(y_{n+1}-\overline{y})}}\}}{\sqrt{\dfrac{1}{n+1}\{(x_1-\overline{x})^2+\cdots+(x_n-\overline{x})^2+\underbrace{(x_{n+1}-\overline{x})^2}_{0}\}}\sqrt{\dfrac{1}{n+1}\{(y_1-\overline{y})^2+\cdots+(y_n-\overline{y})^2+\underbrace{(y_{n+1}-\overline{y})^2}_{0}\}}}$$

となり，$\dfrac{1}{n+1}$ は分母，分子とも同じ値になり約分されるから，
変化はしない。

(3) 20枚以上表となる場合は
　　$3.2+1.4+1.0+0.1+0.1={}^{ク}5 \; . \; {}^{ケ}8$ （%）
30人中20人以上が「便利」であるとする確率が
　　5%未満のとき→「仮説は誤っていると判断する。」
　　5%以上のとき→「仮説は誤っているとは判断しない。」
5.8%は5%以上だから，仮説は誤っているとは判断されず，便利
だと思う人の方が多いとはいえない。${}^{コ}①$，${}^{サ}①$

9

(1) ① 1990年度や2000年度の第1次産業の箱ひげ図では，右側の
ひげの方が長くなっているから，正しくない。
③ 1975年度から1980年度，1985年度から1990年度のように，第
2次産業の就業者数割合の第1四分位数に増加傾向が見られるも
のもあるから，正しくない。
よって，正しくないものは $^{ア}①$，$^{イ}③$（順不同）

(2) 1985年度のグラフについて考える。
第3次産業の箱ひげ図に注目すると
最大値が70%未満であるから，⓪，②，④は不適。
最小値が45%であるから，③は不適。
よって，1985年度のグラフは $^{ウ}①$
1995年度のグラフについて考える。
第1次産業の箱ひげ図に注目すると
最大値が15%以上20%未満であるから，⓪，①，③は不適。
第3次産業の箱ひげ図に注目すると
中央値が55%以上60%未満であるから，②は不適。
よって，1995年度のグラフは $^{エ}④$

← ヒストグラムの各階級の区間は，
左側を含み，右側は含まない。

(3) (I) 図2，図3の左側の散布図どうしを比較すると，2015年度の
方が，負の相関が弱くなっていることがわかるから，誤り。
(II) 図2，図3の中央の散布図どうしを比較すると，2015年度の方
が，負の相関が強くなっていることがわかるから，正しい。
(III) 図2，図3の右側の散布図どうしを比較すると，2015年度の方
が，負の相関がやや弱くなっていることがわかるから，誤り。
よって，正誤の組合せは $^{オ}⑤$

← 相関の強弱の判断は，正の相関
でも負の相関でも同じである。

(4) 男性と女性の就業者数割合を合わせると100%になるから，同じ
第1次産業の就業者数を横軸とした散布図では，男性と女性の就業
者数割合は，50%を基準に上下対称になる。
よって，$^{カ}②$

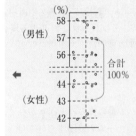

数学A 1 場合の数と確率

10

(1) 7チームを $\boxed{1}$〜$\boxed{7}$ までに並べればよいから $_7P_7$ ⁷③

また，$\underline{Y}$ と $\underline{Z}$ を入れ替えても同じである。ⁱ③, ⁷④ (順不同)

組合せの総数を考えると

$\boxed{2}$ と $\boxed{3}$ の入れ替えが2通り

Y と Z の入れ替えが2通り

$\boxed{4}$ と $\boxed{5}$, $\boxed{6}$ と $\boxed{7}$ の入れ替えがそれぞれ2通り

あるから，$\boxed{ア}$ を $2×2×2×2 = \underline{2^4}$ で割らなくてはならない。ᴱ③

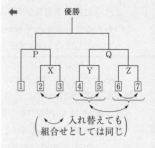

優勝

(入れ替えても
組合せとしては同じ)

(2) $\boxed{1}$ だけが2回戦から始まっているから，1番の枠に入る1チームを選ぶ。ᵒ1

$α, β$ には入れ替っても同じブロック Y と Z が入るから，残りの $\underline{X}$ ブロックが入る。ᵏ⓪

以上より，組合せの総数は

$$_7C_1 × _6C_2 × _4C_2 ÷ 2! = \text{ᵏᵘ⁷}315$$

Xブロックに 入る2チーム ← Y, Zブロックは入れ替えても同じであるから2!で割る

(3) Xブロックの1回戦でAチームとBチームが対戦する確率は

$\boxed{2}$, $\boxed{3}$ に入る1通り

$$\frac{1}{_7C_2} = \frac{1}{\text{ᶜˢ}21}$$

$\boxed{1}$〜$\boxed{7}$ から2か所選ぶ場合の数

Y, Zブロックで対戦する場合もあるから，1回戦でA, Bが対戦する確率は

$$3 × \frac{1}{21} = \frac{\text{ˢ}1}{\text{ˢ}7}$$

(4) 1番の枠のみ1回戦がなく，優勝する確率が異なるので ⁺③

Aチームの優勝する確率は

$\boxed{1}$ に入ったとき，2回戦と3回戦で勝てばよいから

$$\frac{1}{2} × \frac{2}{3} = \frac{1}{3} \text{⁵⓪}$$

X, Y, Zのブロックに入ったとき

$$\frac{1}{3} × \frac{1}{2} × \frac{2}{3} = \frac{1}{9} \text{ᵗ④}$$

同様に，Bチームの優勝する確率は

$\boxed{1}$ に入ったとき

$$\frac{1}{2} × \frac{1}{3} = \frac{1}{6} \text{ᶠ③}$$

X, Y, Zのブロックに入ったとき

$$\frac{2}{3} × \frac{1}{2} × \frac{1}{3} = \frac{1}{9} \text{ᵗ④}$$

Aチームの優勝する確率は

← Aチームが $\boxed{1}$ に入ったときと，X, Y, Zのブロックに入ったときに場合分けして考える。

$$\frac{1}{7}\times\frac{1}{3}+\frac{6}{7}\times\frac{1}{9}=\frac{1}{21}+\frac{2}{21}=\frac{1}{7}\;\boxed{\overset{\text{テ}}{⑧}}$$

└── X, Y, Z のブロックに入って優勝する確率

└── $\boxed{1}$ に入って優勝する確率

B チームの優勝する確率は

$$\frac{1}{7}\times\frac{1}{6}+\frac{6}{7}\times\frac{1}{9}=\frac{1}{42}+\frac{4}{42}=\frac{5}{42}\;\boxed{\overset{\text{ト}}{⑨}}$$

└── X, Y, Z のブロックに入って優勝する確率

└── $\boxed{1}$ に入って優勝する確率

A チームが優勝したとき，$\boxed{1}$ であった条件付き確率は

$$\frac{\dfrac{1}{21}}{\dfrac{1}{7}}=\frac{1}{3}\;\boxed{\overset{\text{ナ}}{⓪}}$$

| A が $\boxed{1}$ に入って優勝する確率 |
| A が $\boxed{1}$ に入って優勝する確率 + A が X, Y, Z のブロックに入って優勝する確率 |

← A チームが $\boxed{1}$ に入る事象を E
　　　優勝する事象を W
とすると　$P_W(E)=\dfrac{P(E\cap W)}{P(W)}$

11

(1) 箱 A，箱 B において，3 回中ちょうど 1 回当たる確率をそれぞれ P_A，P_B とすると

$$P_A={}_3C_1\left(\frac{1}{2}\right)\left(\frac{1}{2}\right)^2=\frac{\overset{\text{ア}}{3}}{\underset{\text{イ}}{8}}\;\cdots\cdots①$$

└── 当たりの確率 $\dfrac{1}{2}$，はずれの確率 $\dfrac{1}{2}$

$$P_B={}_3C_1\left(\frac{1}{3}\right)\left(\frac{2}{3}\right)^2=\frac{\overset{\text{ウ}}{4}}{\underset{\text{エ}}{9}}\;\cdots\cdots②$$

└── 当たりの確率 $\dfrac{1}{3}$，はずれの確率 $\dfrac{2}{3}$

箱 A において，3 回試行を繰り返したとき当たる回数を X，その確率を $P(X)$ とすると

$$P(0)=\left(\frac{1}{2}\right)^3=\frac{1}{8},\;\;P(1)=\frac{3}{8}$$

$$P(2)={}_3C_2\left(\frac{1}{2}\right)^2\left(\frac{1}{2}\right)=\frac{3}{8},\;\;P(3)=\left(\frac{1}{2}\right)^3=\frac{1}{8}$$

よって，当たりくじを引く回数の期待値は

$$0\times\frac{1}{8}+1\times\frac{3}{8}+2\times\frac{3}{8}+3\times\frac{1}{8}=\frac{\overset{\text{オ}}{3}}{\underset{\text{カ}}{2}}$$

箱 B において，同様に考えると

$$P(0)=\left(\frac{2}{3}\right)^3=\frac{8}{27},\;\;P(1)=\frac{12}{27}$$

$$P(2)={}_3C_2\left(\frac{1}{3}\right)^2\left(\frac{2}{3}\right)=\frac{6}{27},\;\;P(3)=\left(\frac{1}{3}\right)^3=\frac{1}{27}$$

よって，当たりくじを引く回数の期待値は

$$0\times\frac{8}{27}+1\times\frac{12}{27}+2\times\frac{6}{27}+3\times\frac{1}{27}=\overset{\text{キ}}{1}$$

← 反復試行の確率（例題59）
　　${}_nC_r p^r(1-p)^{n-r}$
　　　　（n 回中 r 回起きる）

X	0	1	2	3	計
P	$\dfrac{1}{8}$	$\dfrac{3}{8}$	$\dfrac{3}{8}$	$\dfrac{1}{8}$	1

X	0	1	2	3	計
P	$\dfrac{8}{27}$	$\dfrac{12}{27}$	$\dfrac{6}{27}$	$\dfrac{1}{27}$	1

(2) $P(A \cap W) = \dfrac{1}{2} \times \dfrac{3}{8} = \dfrac{3}{16}$

$P(B \cap W) = \dfrac{1}{2} \times \dfrac{4}{9} = \dfrac{2}{9}$

であるから

$P(W) = P(A \cap W) + P(B \cap W) = \dfrac{3}{16} + \dfrac{2}{9} = \dfrac{59}{144}$

よって

$P_W(A) = \dfrac{P(A \cap W)}{P(W)} = \dfrac{\dfrac{3}{16}}{\dfrac{59}{144}} = \dfrac{\dfrac{27}{144}}{\dfrac{59}{144}} = \dfrac{\boxed{^{クケ}27}}{\boxed{^{コサ}59}}$

花子さんが箱Bを選び，3回引いてちょうど1回当たる確率は $\underline{P_W(B) \times P(B_1)}$ と表せる。よって，$\boxed{^{シ}③}$

(X)の場合の期待値は，同じ箱を選ぶから

$P_W(A) \cdot \{P(A_0) + 1 \cdot P(A_1) + 2 \cdot P(A_2) + 3 \cdot P(A_3)\}$
$\quad + P_W(B) \cdot \{P(B_0) + 1 \cdot P(B_1) + 2 \cdot P(B_2) + 3 \cdot P(B_3)\}$

$= \underline{P_W(A) \times \dfrac{3}{2} + P_W(B) \times 1}$ ……③

よって，$\boxed{^{ス}②}$，$\boxed{^{セ}③}$

(Y)の場合の期待値は，異なる箱を選ぶから

$P_W(A) \cdot \{P(B_0) + 1 \cdot P(B_1) + 2 \cdot P(B_2) + 3 \cdot P(B_3)\}$
$\quad + P_W(B) \cdot \{P(A_0) + 1 \cdot P(A_1) + 2 \cdot P(A_2) + 3 \cdot P(A_3)\}$

$= P_W(A) \times 1 + P_W(B) \times \dfrac{3}{2}$ ……④

ここで

$P_W(A) = \dfrac{27}{59}$, $P_W(B) = \dfrac{32}{59}$ であるから

③は

$P_W(A) \times \dfrac{3}{2} + P_W(B) \times 1 = \dfrac{27}{59} \times \dfrac{3}{2} + \dfrac{32}{59} \times 1 = \dfrac{145}{118}$

よって，同じ箱を選んだときの当たる回数の期待値は $\dfrac{145}{118}$ …⑤

④は

$P_W(A) \times 1 + P_W(B) \times \dfrac{3}{2}$

$= \dfrac{27}{59} \times 1 + \dfrac{32}{59} \times \dfrac{3}{2} = \dfrac{75}{59} = \dfrac{150}{118}$ ……⑥

よって，異なる箱を選んだときの当たる回数の期待値は $\dfrac{\boxed{^{ソタ}75}}{\boxed{^{チツ}59}}$

⑤<⑥であるから異なる箱を選ぶ方がよい。

よって，$\boxed{^{テ}①}$

◀ 当たりくじを引く8通りの事象。
$P(A_0) + 1 \cdot P(A_1) + 2 \cdot P(A_2) + 3 \cdot P(A_3)$ は，箱Aから当たりくじを引く回数の期待値。
$P(B_0) + 1 \cdot P(B_1) + 2 \cdot P(B_2) + 3 \cdot P(B_3)$ は箱Bから当たりくじを引く回数の期待値。

数学Ａ 2 　図形の性質

12

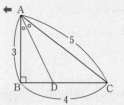

△ABC において，AD が ∠BAC の二等分線であるから

　AB：AC＝BD：DC＝3：5

よって，BD＝$4 \times \dfrac{3}{3+5} = \dfrac{\boxed{^{ア}3}}{\boxed{^{イ}2}}$

　$AD^2 = AB^2 + BD^2 = 3^2 + \left(\dfrac{3}{2}\right)^2 = \dfrac{45}{4}$

よって，AD＝$\sqrt{\dfrac{45}{4}} = \dfrac{\boxed{^{ウ}3}\sqrt{\boxed{^{エ}5}}}{\boxed{^{オ}2}}$

∠BAD＝∠EAC，∠ABD＝∠AEC より △AEC と △ABD は相似
であるから

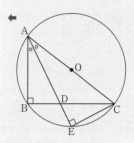

　AE：AB＝AC：AD

　AE：3＝5：$\dfrac{3\sqrt{5}}{2}$

　$\dfrac{3\sqrt{5}}{2}$AE＝3×5

よって，AE＝$\dfrac{15 \times 2}{3\sqrt{5}} = \boxed{^{カ}2}\sqrt{\boxed{^{キ}5}}$

右の図のように，円 P の中心から辺 AB に垂線 PH を下ろす。
△ABD と △AHP は相似であるから

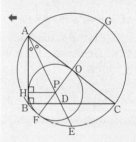

　AD：AP＝BD：HP

　$\underset{\displaystyle\underset{\text{└─── HP は円 P の半径}}{}}{HP = r}$

より

　AD・r＝AP・BD

　$\dfrac{3\sqrt{5}}{2}r = AP \cdot \dfrac{3}{2}$

よって，AP＝$\sqrt{\boxed{^{ク}5}}\,r$

また，F，P，O，G は円 O と円 P の中心を通る直線上にある。

よって，PG＝$\underset{\underset{\text{└── 円 O の直径は AC＝5}}{}}{\boxed{^{ケ}5} - r}$

円 O に関する方べきの定理より

　PA・PE＝PF・PG　　　　　←── PE＝AE－AP

　$\sqrt{5}\,r \cdot (2\sqrt{5} - \sqrt{5}\,r) = r \cdot (5-r)$

　$10 - 5r = 5 - r$

よって，$r = \dfrac{\boxed{^{コ}5}}{\boxed{^{サ}4}}$

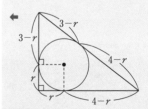

△ABC の内接円 Q の半径を s とすると，△ABC の面積を考えて

　$\triangle ABC = \dfrac{1}{2}(AB + BC + CA)s$

　$\dfrac{1}{2} \cdot 4 \cdot 3 = \dfrac{1}{2}(3+4+5)s$

よって，$s=1$ より内接円 Q の半径は $\boxed{^{シ}1}$ である。

別解

上の図より

　$(3-r) + (4-r) = 5$

よって　$r=1$

右の図のように，円 Q と辺 AB の接点を I とすると
△ABD∽△AIQ であるから

AD：AQ＝BD：IQ

AD・IQ＝AQ・BD

$\dfrac{3\sqrt{5}}{2}\cdot 1 = \text{AQ}\cdot\dfrac{3}{2}$

よって，AQ＝$\sqrt{\boxed{ス\ 5}}$

また，AB：AH＝BD：HP

AB・HP＝AH・BD

$3\cdot\dfrac{5}{4}=\text{AH}\cdot\dfrac{3}{2}$ ← HP＝$r=\dfrac{5}{4}$

よって　AH＝$\dfrac{\boxed{セ\ 5}}{\boxed{ソ\ 2}}$

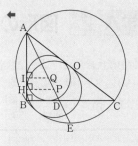

(a)について

$\text{AH}\cdot\text{AB}=\dfrac{5}{2}\cdot 3=\dfrac{15}{2}$

$\text{AQ}\cdot\text{AD}=\sqrt{5}\cdot\dfrac{3\sqrt{5}}{2}=\dfrac{15}{2}$

← H が円周上にあるならば，方べきの定理が成り立つはずであるから(a), (b)について，方べきの定理をあてはめてみる。

よって，AH・AB＝AQ・AD が成り立つから，方べきの定理の逆により，点 H は B, D, Q を通る円周上にある。したがって，(a)は<u>正しい</u>。

(b)について

$\text{AQ}\cdot\text{AE}=\sqrt{5}\cdot 2\sqrt{5}=10$

よって，AH・AB≠AQ・AE であるから，H は B, E, Q を通る円周上にない。したがって，(b)は<u>誤り</u>。

以上より $\boxed{タ\ ①}$

13

(1) 右の図より

AG：GE＝2：1（G は重心）

AD：DG＝1：1 であるから

$$\frac{AD}{DE}=\frac{\boxed{\text{ア}1}}{\boxed{\text{イ}2}}$$

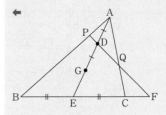

また，△ABE と PF にメネラウスの定理を適用して

$$\frac{AP}{PB}\cdot\frac{BF}{FE}\cdot\frac{ED}{DA}=1 \quad \cdots\cdots(\text{ア})$$

より

$$\frac{AP}{PB}\cdot\frac{BF}{FE}\cdot\frac{2}{1}=1$$

よって，$\dfrac{BP}{AP}=\boxed{\text{ウ}2}\times\dfrac{BF}{FE}$ $\boxed{\text{エ}①}$，$\boxed{\text{オ}③}$ $\cdots\cdots①$

△AEC と DF にメネラウスの定理を適用して

$$\frac{AD}{DE}\cdot\frac{EF}{FC}\cdot\frac{CQ}{QA}=1 \quad \cdots\cdots(\text{イ})$$

より

$$\frac{1}{2}\cdot\frac{EF}{FC}\cdot\frac{CQ}{QA}=1$$

よって，$\dfrac{CQ}{AQ}=\boxed{\text{カ}2}\times\dfrac{CF}{EF}$ $\boxed{\text{キ}②}$，$\boxed{\text{ク}③}$ $\cdots\cdots②$

$$\begin{aligned}
\frac{BP}{AP}+\frac{CQ}{AQ}&=\frac{2BF}{EF}+\frac{2CF}{EF}\\
&=\frac{2(2EC+CF)+2CF}{EF}\\
&=\frac{4(EC+CF)}{EC+CF}=\boxed{\text{ケ}4} \quad \cdots\cdots③
\end{aligned}$$

← EC と CF で表すことを考える

別解

BE＝EC＝x，CF＝y
とおくと

$$\frac{2(2x+y)}{x+y}+\frac{2y}{x+y}$$
$$=\frac{4(x+y)}{x+y}=4$$

(2) 4 点 B，C，Q，P が同一円周上にあるから，方べきの定理より

AP・AB＝AQ・AC

AP・9＝AQ・6

よって，$AQ=\dfrac{\boxed{\text{コ}3}}{\boxed{\text{サ}2}}AP$

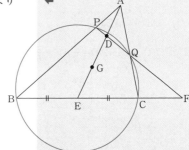

③より

$\dfrac{BP}{AP}+\dfrac{CQ}{AQ}=4$ であるから

AP＝x とおくと $AQ=\dfrac{3}{2}x$

$$\frac{9-x}{x}+\frac{6-\dfrac{3}{2}x}{\dfrac{3}{2}x}=4$$

← BP＝9－x，CQ＝6－$\dfrac{3}{2}x$

別解

AP＝$2x$，AQ＝$3x$ とおくと

$$\frac{9-2x}{2x}+\frac{6-3x}{3x}=4 \text{ より}$$

$$\frac{9-x}{x}+\frac{4-x}{x}=4$$

$36x＝39$ よって，$x=\dfrac{13}{12}$

$9-x+4-x=4x$ より $x=\dfrac{13}{6}$

以下同様

よって，$AP=\dfrac{\boxed{\text{シス}13}}{\boxed{\text{セ}6}}$，$AQ=\dfrac{\boxed{\text{ソタ}13}}{\boxed{\text{チ}4}}$ であり

CF＝y とおくと，②より

$$\frac{CQ}{AQ}=2\times\frac{y}{EF}$$

ここで，CQ＝$6-\dfrac{13}{4}=\dfrac{11}{4}$

　　　　EF＝EC＋y＝4＋y　であるから

$$\frac{\frac{11}{4}}{\frac{13}{4}}=2\times\frac{y}{4+y}$$

$$\frac{11}{13}=\frac{2y}{4+y}$$

$$11(4+y)=26y$$

$$15y=44　よって，y＝CF＝\boxed{\frac{\text{ツテ }44}{\text{トナ }15}}$$

(3)　(1)で用いた(ア)，(イ)の式より

$$\frac{BP}{AP}=\frac{DE}{AD}\cdot\frac{BF}{EF}　……(ア)$$

$$\frac{CQ}{AQ}=\frac{DE}{AD}\cdot\frac{FC}{EF}　……(イ)$$

← $\dfrac{\boxed{AP}}{\boxed{PB}}\cdot\dfrac{BF}{FE}\cdot\dfrac{ED}{DA}=1$

← $\dfrac{AD}{DE}\cdot\dfrac{EF}{FC}\cdot\dfrac{\boxed{CQ}}{\boxed{QA}}=1$

(ア)，(イ)の辺々を加えて

$$\frac{BP}{AP}+\frac{CQ}{AQ}=\frac{DE}{AD}\cdot\frac{BF}{EF}+\frac{DE}{AD}\cdot\frac{FC}{EF}$$

← $\dfrac{DE}{AD}$ に着目して式を変形する。

$$=\frac{DE}{AD}\left(\frac{BF}{EF}+\frac{FC}{EF}\right)$$

$$=\frac{DE}{AD}\cdot\frac{2(EC+CF)}{EC+CF}=\frac{DE}{AD}\cdot2$$

$$\frac{BP}{AP}+\frac{CQ}{AQ}=10　より　\frac{DE}{AD}\cdot2=10$$

よって，$\dfrac{DE}{AD}=5$　であるから　AD：DE＝1：5

$$AD=\frac{1}{6}AE,$$

← AD，DG の長さを全体の長さ AE を用いて表すことを考える。

$$DG=AG-AD=\frac{2}{3}AE-\frac{1}{6}AE=\frac{1}{2}AE$$

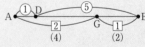

AD：DG：GE＝1：3：2 として 求めてもよい。

よって，$\dfrac{AD}{DG}=\dfrac{\frac{1}{6}AE}{\frac{1}{2}AE}=\boxed{\dfrac{\text{ニ }1}{\text{ヌ }3}}$

14

(1) △ABB′ と △CBX が合同であることを
示せばよいから $\boxed{^{\mathcal{P}}⓪}$, $\boxed{^{\mathcal{イ}}⑦}$（順不同）

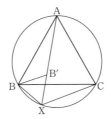

← △ABB′ と △CBX において
　AB＝CB（正三角形の一辺）
　BB′＝BX（正三角形の一辺）
　∠ABB′＝60°－∠CBB′
　　　　　＝∠CBX
　よって，△ABB′≡△CBX

(2) (1)より点 T を弧 PQ 上にとると
　PT＋QT＝**ST** となる。$\boxed{^{\mathcal{ウ}}⑤}$
　このとき
　PT＋QT＋RT＝ST＋RT
　となる。定理と問題 1 より，
　ST＋RT≧SR
　であるから，距離の和 ST＋RT は
　ST＋RT＝SR
　のとき，最小になる。
　よって，T は 2 点 **S**, **R** を通る直線上。$\boxed{^{\mathcal{エ}}②}$, $\boxed{^{\mathcal{オ}}③}$（順不同）
　T は弧 PQ 上の点だから，S, R を通る直線と弧 PQ との交点。
　$\boxed{^{\mathcal{カ}}③}$
　右図より ∠QPR>**120°** のときは
　S, R を通る直線と弧 PQ とは交
　わらない。
　よって，$\boxed{^{\mathcal{キ}}④}$

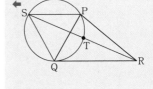

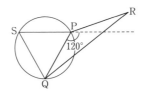

(3) ∠QPR<120° のとき
　∠PYS＝∠QYS＝60° であるから
　　∠PYR＝∠QYP＝∠RYQ＝120°
　よって，$\boxed{^{\mathcal{ク}}③}$
　∠QPR>120° のとき
　PY＋QY＋RY が最小になるのは，点 Y が点 P に一致するときで
　あるから，点 Y は最も長い辺 QR 以外の **2 辺 PQ と PR の交点**で
　ある。
　よって，$\boxed{^{\mathcal{ケ}}⑥}$

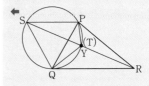